하 | 루 | 에 | 재 | 료 | 한 | 가 | 지

POTATO

'맛있는 음식'은 정확한 레시피에 정성과 사랑이 담겨야 완성됩니다.

맛있는 음식을 먹는 시간을 상상해보세요. 혼자 먹어도 즐겁지만 사랑하는 사람들과 같이 나눈다면 뭐라 말할 수 없는 행복을 느낍니다. 엄마가, 아내가 정성을 다해 만든 음식을 먹으면서 행복한 표정을 짓는 가족들을 보면 요리 배우길 잘했다는 생각이 듭니다.

'맛있는 음식'이란 무엇일까요? 저는 좋은 재료와 손맛, 정성과 사랑이 하나가 된 맛의 음식이라고 생각합니다. 좋은 재료는 주변에서 쉽게 구할 수 있지만 손맛은 쉽게 얻어지는 것이 아닙니다. 하지만 정확하고 맛있는 레시피를 만나면 얘기는 달라지죠. 손맛이 없더라도, 요리에 소질이 없더라도 정확한 레시피를 따라 만들면 충분히 맛있는 음식을 만들 수 있습니다. 또한 같은 재료와 같은 레시피라도 음식을 만들면서 얼마만큼의 정성과 사랑을 담았는지에 따라 음식의 수준이 결정됩니다. 조미료나 첨가제 대신 정성과 사랑을 담은 음식은 그 어떤 음식보다 맛있고 건강합니다.

블로그를 운영하면서 나름 인기 블로거가 되자 많은 출판사의 출간 제의가 있었습니다. 그땐 아이들이 너무 어렸고 제 자신이 아직 부족하다는 생각을 하고 있었기 때문에 정중히 거절했지만, 시대인 출판사와의 인연으로 '감자'를 주제로 한 멋진 책을 출간하게 되었습니다. 감자를 싫어하는 분들은 많지 않을 텐데요. 우리 가족에게도 감자는 가장 좋아하는 음식이자 가장 많이 소비하는 식재료입니다. 특히 아들이 감자를 굉장히 좋아해서 '감자대마왕'이라는 별명을 붙여줄 정도입니다. 이런 가족들에게 다양한 감자요리를 만들어 줄 수 있었기 때문에 더욱 신나게 작업을 할 수 있었던 것 같습니다.

매일 수많은 요리책이 홍수처럼 쏟아져 나옵니다. 가끔 요리책을 사서 보면 100여 가지 요리에 예술작품 같은 음식 사진으로 감탄을 자아내지만, 정작 만들어보려고 하면 유용한 레시피는 몇 가지 되지 않아 실망했던 적이 많습니다. 하지만 이 책은 감자에 대해 모든 것을 알 수 있는 40가지의 알토란같은 레시피로 독자 여러분의 마음을 흡족하게 하리라 생각합니다.

마지막 원고를 탈고하고 나니 감회가 새로웠습니다. "세상에 내가 요리책을 내다니!" 예전엔 감히 생각조차도 못할 일이었습니다. 돌이켜 생각해보면 제가 요리에 자신감을 가질 수 있었던 것은 바로 가족들의 힘이 아닌가 싶습니다. 저에게 재능을 주신 부모님과 남다른 요리 솜씨로 저의 첫 번째 요리 선생님이 되어주신 시어머님, 제가 블로그 활동을 계속할 수 있도록 물심양면으로 도와주고 쓴소리도 아끼지 않았던 미식가 남편에게 고맙고 사랑한다고 전하고 싶습니다. 그리고 요리를 해야겠다는 동기를 부여해준 아이들에게 엄마가 항상 옆에 있다고, 씩씩하고 건강하게 자라달라고 전하고 싶습니다.

책 출판을 위해 많은 분들이 도움을 주셨습니다. 예쁜 그릇을 제공해주신 '진묵도예'와 '자기랑도기랑' 대표님께 감사의 인사를 전하고, 좋은 소금을 협찬해주신 '백석빛소금' 대표님께도 감사의 인사를 전합니다. 그리고 이번 책 작업을 위해 집에 가보처럼 애지중지 보관해왔던 그릇을 선뜻 내주신 언니 세 분이 계시는데요. 늘 인자하고 큰언니 같은 승유언니와 유쾌하고 솔직한 성격의 친구 같은 민혁언니, 서울대 메이커 찬교언니 정말 고맙습니다. 또한 저의 두 번째 요리 선생님인 승조엄마, 울보 준영엄마, 건강한 음식에 대해 일깨워주시는 잇츠마이라이프님은 물론 항상 칭찬과 응원으로 힘을 주시는 친애하는 블로그 가족 여러분께 감사하다는 인사를 전합니다.

2019년 초여름 쟈스민_임정애

POTATO

INTRO

Contents

PART 03

감자로 만드는

간식

PART 04

감자로 만드는

브런치

INTRO

감자 이야기

감자 이야기

감자는 대표적인 구황작물로 벼·밀·옥수수와 함께 세계 4대 식량 작물로도 잘 알려져 있습니다. 과거에는 흉년이 들어 먹을 것이 없을 때 주린 배를 채워주는 역할을 하였는데요. 현재는 남미, 독일, 영국 등에서 감자를 주식으로 이용할 만큼 전 세계인의 사랑을 받고 있습니다. 우리나라 역시 감자로 유명한 강원도에서 '썩어도 버릴 것이 없는 것은 감자와 명태뿐'이라는 말이 있을 정도로 매우 다양하게 사용되고 있습니다.

감자가 처음 재배된 시기는 약 1만 년 전으로, 학자들은 감자가 남미에서 기원하여 안데스 전역에서 재배된 것으로 추정하고 있습니다. 우리나라의 감자에 대한 기록을 살펴보면, 약 200년 전인 순조 24년(1824년)에 산삼을 캐러 함경도에 들어왔던 청나라 사람이 가져왔다고 합니다(이규경, '오주연문장전산고(五洲文長箋散稿), 1850년). 이에 따르면 "북저(北藷)는 토감저(土甘藷)라 하며, 순조 24~25년에 관북(關北)인 북계(北界)에서 처음 전해진 것으로 청나라 채삼자(採蔘者)가 우리 국경에 몰래 침입하여 산골짜기에 심어 놓고 먹었는데, 그 사람들이 떠난 후에 이것이 많이 남아 있었다. 잎은 순무 같고 뿌리는 토란과 같다. 무엇인지 알 수 없으나 옮겨 심어보니 매우 잘 번식한다."라고 적혀 있습니다.

감자는 누구나 좋아하는 건강식품으로 어떤 음식과 함께 조리해도 맛있고 감자로 만들 수 있는 음식의 종류 또한 매우 다양합니다. 세계적으로 가장 인기 있는 감자요리를 꼽으라면 '프렌치프라이'를 들 수 있는데요. 만들기도 쉽고 맛 또한 좋아서 전 세계에서 생산되는 감자 소비의 30%를 차지할 만큼 폭발적인 인기를 구가하는 음식입니다. '프렌치프라이'라는 이름 때문인지 프랑스에서 유래된 것이라는 오해를 받고 있는 이 음식은 사실 벨기에의 길거리 음식인 '프리테(Frites)'가 원조 격입니다. 프리테가 유럽 전역에 퍼질 때쯤 1차 세계 대전이 일어났고, 참전 미국 군인들이 귀국하여 전파한 음식이 바로 프렌치프라이입니다.

프렌치프라이의 뒤를 이어 인기를 끌고있는 것은 감자칩입니다. 감자칩은 약 20조원으로 추산되는 세계 스낵 시장의 30%를 차지하며, 국내에서도 약 7,000억 원의 스낵 시장 중 25%를 차지한다고 합니다. 정말 어마어마한 수치가 아닐 수 없는데요. 이 감자칩은 사실 1850년대 뉴욕 반달호텔의 주방장 조지 크럼이 요리에 곁들인 감자가 두껍다고 불평한 고객의 코를 납작하게 해주려고 만든 것에서 시작되었다고 합니다. 세계에서 큰 사랑을 받고 있는 감자칩이 한 주방장의 사소한 복수심에서 만들어졌다고 하니 정말 재미있는 일입니다.

이처럼 다양한 이야기를 가지고 있는 감자에 대해 조금 더 자세히 알아보겠습니다.

1. 감자의 영양

독일의 위대한 작가 괴테는 "신대륙에서 온 것 중에 악마의 저주와 신의 혜택이 있다. 전자는 담배이고 후자는 감자다."라는 말을 남겼다고 합니다. 그만큼 감자는 우리에게 없어서는 안 되는 작물로 자리 잡았는데요. 감자의 영양성분을 살펴보면 주성분이 녹말인 알칼리성 식품입니다. 또한 철분, 칼륨 및 마그네슘 같은 중요한 무기 성분과 비타민C를 비롯한 비타민 B복합체를 골고루 가지고 있습니다. 이들 성분은 사람의 에너지원으로 중요하게 작용할 뿐만 아니라 성장과 건강을 돕는 성분입니다. 이것만 보더라도 감자가 우리에게 얼마나 유용한 식품인지 알 수 있습니다.

2. 감자의 효능

• 다이어트

호주 시드니 대학에서 발표한 음식에 따른 포만도에 대한 조사 결과를 보면 여러 가지 음식을 같은 칼로리만큼 먹었을 때 감자의 포만도가 가장 높았다고 합니다. 이런 결과를 토대로 보면 감자는 포만감이 높으면서도 칼로리는 적고, 영양은 풍부하기 때문에 훌륭한 다이어트 식품이라고 할 수 있습니다. 실제로 감자의 주성분인 전분은 소화가 어려운 형태로 되어 있기 때문에 100g당 열량이 72kcal로 밥(145kcal)에 비해 절반가량에 불과합니다. 또한 식이섬유 함량도 높아 지방과 당의 흡수를 방해하여 성인병을 예방하는 다이어트 식품으로 입지를 넓히고 있습니다.

• 암 예방 효과

감자는 암을 예방하는 데도 탁월한 효과가 있는 식품입니다. 감자에는 비타민B6, 판토텐산, 비타민C 등이 풍부하게 포함되어 있기 때문인데요. 비타민B6와 판토텐산은 암 예방에 중요한 작용을 하는 임파세포를 만드는 임파조직을 강화하는데 큰 도움을 준다고 합니다. 감자를 주식으로 먹는 나라에는 영양결핍증이 거의 없고 장수자가 많다는 것을 봤을 때, 감자가 암 예방과 무관해 보이지는 않습니다.

3. 감자의 종류

맛도 좋고 영양도 좋아 누구에게나 사랑받는 건강식품 감자를 이용한 요리는 무궁무진합니다. 튀기고, 삶고, 굽고, 찌는 등 다양한 요리 방법에 따라 감자도 종류를 가려 써야 한다는 사실, 알고 계신가요? 감자의 종류에 대해 아직은 생소한 분들이 많을 텐데 감자에는 어떤 종류가 있으며 어떤 요리에 사용하면 좋은지 알아보겠습니다.

닭볶음탕에 넣은 감자가 사라졌다면 너무 오래 삶았기 때문일까요? 바삭한 프렌치프라이를 먹고 싶었는데 축 늘어진 눅눅한 감자튀김이 된 것은 튀기는 기술이 부족해서 일까요? 포슬포슬한 찐 감자를 먹고 싶었는데 쫀득쫀득한 식감은 또 뭘까요? 이는 요리에 따른 감자의 선택이 잘못되었기 때문입니다. 우리나라 감자는 크게 세 가지로 나눌 수 있습니다.

점질감자, 분질감자, 중간질감자

점질감자는 전분 함유량이 적고 아밀로펙틴이 대부분이며 수분이 많습니다. 아밀로펙틴은 풀처럼 굳는 성질이 있어 쫀득한 점성을 가지고 있고 열과 수분에 강해 단단히 뭉치는 성질이 있습니다. 이런 성질 때문에 수분이 있는 조림이나 찌개, 볶음 등에 사용하면 감자가 부서지지 않아 좋습니다.

반면 분질감자는 전분 함유량이 많고 아밀로오스 함량이 높습니다. 아밀로오스는 분자 구조가 일자로 되어있어 뭉치지 않고, 물을 만나면 부풀다가 으스러지며 결국에는 흩어져버리는 성질을 가지고 있습니다. 수분이 적은 요리인 샐러드나 감자튀김, 포슬포슬한 찐 감자를 만들 때 사용하면 좋습니다.

그리고 전분 함유량이 점질감자와 분질감자의 중간 정도 되는 품종이 있습니다. 우리가 많이 들어 본 '수미'라는 품종인데요. 우리나라 감자 생산량의 70%를 차지하고 있으며, 너무 단단하지도 으스러지지도 않는 장점이 있어 여러 가지 요리에 다양하게 쓸 수 있습니다.

현재 국내에서 생산되는 감자의 품종은 대략 30종이 넘는데, 그중 대표적인 감자의 품종을 몇 가지 설명해드리겠습니다.

※ 품종 옆 퍼센트는 국내 재배 점유율입니다.

• 점질감자

추백(2%)

점질감자로 가을감자 품종입니다. 주로 조리용으로 쓰이며 수미보다 10일 이상 빨리 수확합니다. 시장에서는 '물 감자'라 불리며 맛이 맹맹합니다.

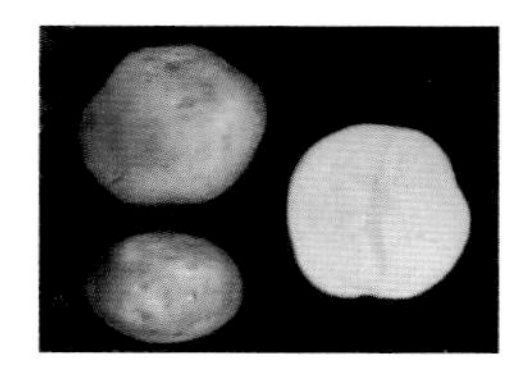

대지(15%)

점질감자로 가을감자 품종입니다. 일본에서 들여온 것으로 제주도에서 주로 재배되는데, 병 발생이 많고 맛이 떨어져 생산 면적이 점차 줄어들고 있습니다.

서홍(1%)

점질감자로 껍질은 붉은색이며 속살은 흰색입니다. 새롭고 특별한 것을 추구하는 소비자들의 다양한 기호에 부응하는 품종이라고 할 수 있습니다. 감자를 쪄서 먹을 때의 맛과 향, 식감은 수미와 비슷합니다.

자영(0.5%)

안토시아닌이 풍부한 보라색 감자입니다. 자영은 감자 특유의 아린 맛이나 비린 맛이 없어 샐러드나 냉채, 즙 등으로 이용되며 항암 작용에 효과적인 감자로도 유명합니다.

• **분질감자**

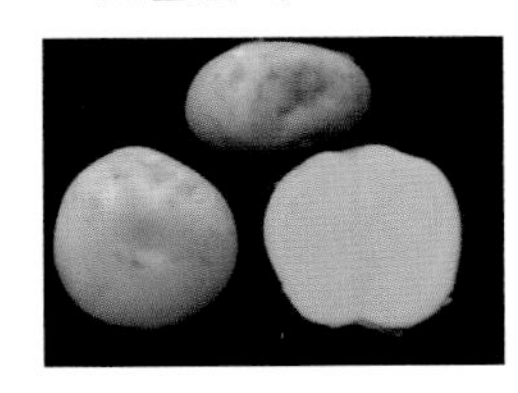

새봉(0.3%)

분질감자인 새봉은 당도가 높고 속살은 흰색입니다. 일반적인 식용뿐만 아니라 감자칩 등의 가공용으로도 활용할 수 있는 장점이 있습니다.

대서(4%)

분질감자로 가을감자 품종입니다. 감자칩용으로 가장 많이 재배되며 수미 다음으로 많이 심는 품종입니다. 감자칩이나 프렌치프라이는 대부분 대서를 이용합니다.

고운(0.2%)

분질감자인 고운은 생감자칩 원료의 안정적인 공급을 위해 개발된 가공용 품종입니다. 감자칩용으로 가장 많이 재배하는 대서가 가을재배가 어려운 데에 반해 고운은 봄과 가을에 두 번 재배할 수 있는 특징이 있습니다.

두백(4%)

분질감자인 두백은 과자 업체인 '오리온'에서 감자칩 생산을 위해 자체개발한 품종입니다. 포슬포슬한 찐 감자를 먹고 싶을 때 제격입니다.

하령(0.5%)

분질감자인 하령은 칩가공용 미국 품종인 대서와 수미를 교배하여 육성된 품종입니다. 속살은 황색으로 감자를 쪘을 때 분이 많고 맛이 좋아 우리 기호에 맞는 품종입니다.

• 중간질감자

수미(70%)

우리나라 감자의 약 70% 정도를 차지하는 대표 감자입니다. 점질감자와 분질감자의 특성을 동시에 갖춘 중간질감자로 대부분의 한국 음식에 적합하고, 국내 어디서나 잘 자라서 '게으른 농부도 키울 수 있는 품종'입니다. 맛이 다소 맹맹하다는 점과 점질에 가까운 중간질이라 분질의 장점이 약하다는 단점이 있습니다.

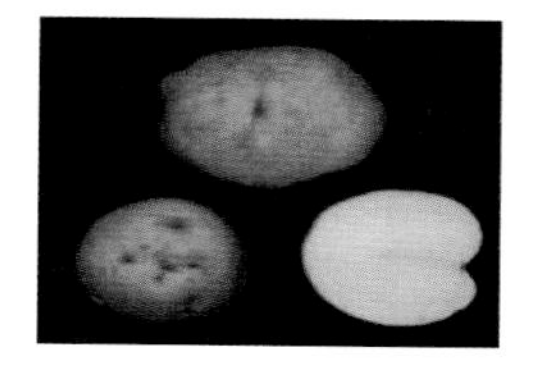

조풍(1%)

중간질감자인 조풍은 담황색의 속살을 가지고 있으며 쫀득한 식감과 단맛이 특징으로 감자옹심이에 적격인 품종입니다. 수미와 맛은 비슷하면서도 잘 부서지지 않아 감자전이나 조림, 볶음 요리에 많이 쓰입니다.

• 수입감자

시중에서 쉽게 구입할 수 있는 수입 감자로는 러셋 버뱅크(Russet Burbank)가 있습니다. 보통 아이다호감자(idaho potato) 혹은 베이킹감자(baking potato)라고도 불립니다. 미국을 대표하는 감자로 크기가 크고 수분이 적어 튀김에 적합할 뿐만 아니라 전분이 많은 분질감자로 튀겼을 때 바삭바삭한 식감을 얻을 수 있습니다.

• 돼지감자

'뚱딴지'라고도 부르는 돼지감자는 국화과에 속하는 여러해살이풀로 가지과에 속하는 감자와 구분됩니다. 북아메리카가 원산지인 돼지감자의 이눌린 성분은 천연 인슐린 효과가 있어 혈당을 낮추고 콜레스테롤을 개선해주어 '당뇨 감자'라고 불리기도 합니다. 주로 말려서 차로 마시며 맛이 없는 편이라 요리로는 잘 해먹지 않습니다.

감자는 주로 위와 같은 품종으로 나뉘지만 소비자가 시장에서 품종 이름으로 감자를 구매하기는 쉽지 않습니다. 몇몇 종을 제외하고는 모양이 비슷한데다가 우리나라 감자 생산량의 70%가 수미이기 때문입니다. 물론 수미는 점질감자와 분질감자의 특성을 모두 가지고 있어 대부분의 요리에 무난하게 사용할 수 있지만, 제대로 된 음식을 만들고 싶거나 다양한 감자를 맛보고 싶은 감자 마니아라면 가락동 농산물 시장이나 인터넷 쇼핑몰에서 감자의 품종으로 구매할 수 있으니 참고하는 것도 좋습니다.

시중에는 '흙감자', '햇감자', '알감자'로 유통되는 감자가 있습니다. 이들은 품종이 따로 있는 것이 아니라 유통과정이나 모양에 따라 부르기 쉽게 만든 명칭입니다. '흙감자'는 황토 토양에서 자라 흙이 묻은 채 유통되는 것으로 일반 토양에서 자란 감자와 같은 품종이라 하더라도 상대적으로 조금 더 분질성을 띠는 경우가 많습니다. '햇감자'는 말 그대로 올해에 수확한 감자를 말하는데, 감자는 오래 저장하면 수분이 날아가 맛이 농축되지만 전분 함량은 다소 떨어지는 단점이 있는데 반해 햇감자는 상대적으로 전분이 많다고 생각하면 됩니다. 마지막으로 '알감자'는 감자를 캐는 과정에서 크기가 작은 것을 선별해 조림용으로 따로 유통시키는 감자로 품종에 따른 차이는 없습니다.

감자요리의 기본

1. 요리를 더 쉽고 맛있게 만드는 방법 : 계량 및 불 조절

맛있는 음식은 '좋은 재료, 손맛, 정성'이 합쳐질 때 완성된다고 생각합니다. 이중 좋은 재료와 정성은 마음만 먹으면 된다지만 손맛은 쉽게 얻을 수 없죠. 많은 분들이 "저는 손맛이 없어서 요리를 잘 못해요", "손맛은 타고나는 것 같아요"라는 말씀을 많이 하십니다. 하지만 제가 생각하는 손맛은 '수많은 경험을 통해 얻어지는 감각'이라고 생각합니다. 간혹 음식을 하다가 궁금한 부분이 생겨 엄마께 여쭤보면 '살짝, 적당히, 약간'이라는 표현을 쉽게 들을 수 있습니다. 이미 엄마는 충분한 경험을 통해 '손맛'을 얻으셨기 때문에 가능한 표현이지만 따라하는 우리들에게는 여간 곤란한 게 아닙니다. 이때 중요한 것이 바로 **계량**입니다.

본인이 알고 있는, 혹은 남이 알고 있는 맛있는 음식의 레시피를 정량화시켜놓고 그 레시피에 의거해 정확한 계량으로 음식을 만든다면 언제나 일관성 있는 맛있는 음식을 만들 수 있습니다. 음식을 만들 때 계량하는 버릇은 요리를 잘하게 도와줍니다. 음식을 만들다보면 뭔가가 빠진 것 같은 경우가 자주 발생하는데, 이때 계량을 한 상태였다면 어떤 재료가 빠졌는지 확인할 수 있고 재료를 가감해 원하는 맛을 낼 수 있기 때문에 언제든지 같은 맛의 음식을 만들 수 있습니다. 하지만 계량을 하지 않았다면 기존에 만든 음식의 레시피를 정확하게 알지 못해 개선할 여지가 없어집니다. 맛있는 음식을 언제나 동일한 맛으로 만들고 싶다면 계량은 선택이 아닌 필수입니다.

맛있는 음식을 위해 신경써야하는 부분은 한 가지 더 있습니다. 바로 재료의 특성에 맞는 **불 조절**입니다. 요리를 잘하는 선배들은 '불조절만 잘해도 더 맛있는 음식을 만들 수 있다'고 조언합니다. 재료나 음식에 따라 약한 불에서 뭉근하게 익히거나, 중간 불에서 볶듯이 익히거나, 센 불에서 빠르게 익히는 등 방법이 아주 다양하기 때문입니다. 음식을 하는 사람들 사이에는 '음식의 맛은 한끝 차이'라는 얘기가 있습니다. 여기서 말하는 '한끝'은 바로 불 조절을 의미합니다. 불 조절을 어떻게 하느냐에 따라 전혀 다른 음식이 만들어 질 수도 있습니다.

음식을 잘하고 싶은 사람, 매번 만들 때마다 음식의 맛이 달라지는 사람, 언제 만들어도 맛있는 음식을 만들고 싶은 사람이라면 계량과 불 조절에 꼭 신경을 쓰시기 바랍니다.

• 부피 계량

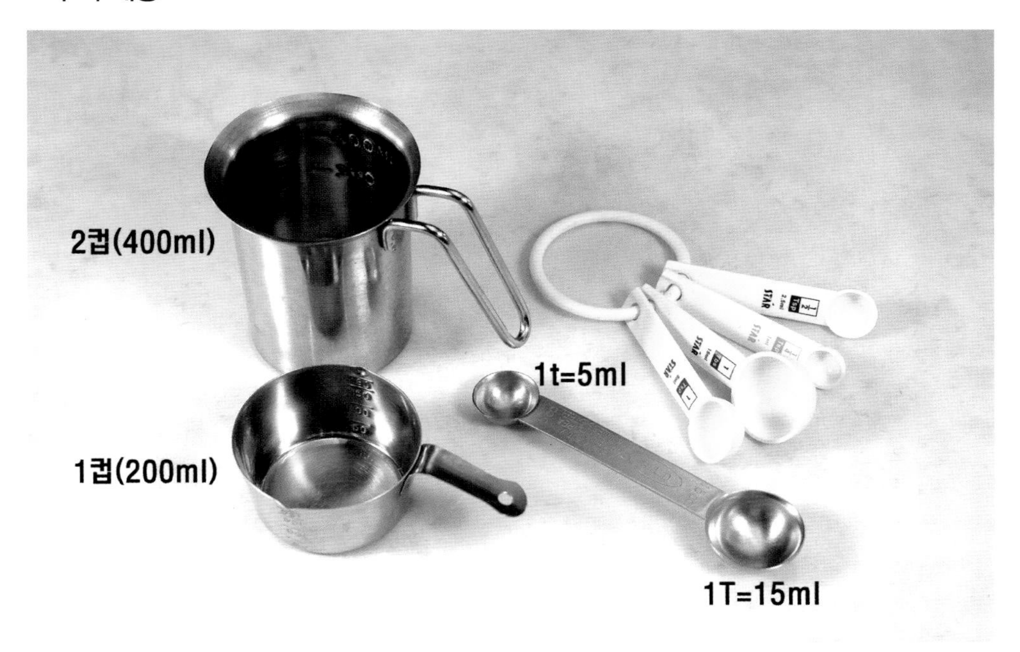

1 T = 15 ml = 15cc
1 t = 5 ml = 5cc
1컵 = 200ml = 200cc

책에서 사용하는 부피 계량 기준입니다.
1T는 1Tbsp(Tablespoon)의 약자로 일반 양식기에서 수프를 떠먹는 스푼을 말하며 15ml로 계량되고, 1t는 1tsp(teaspoon)의 약자로 차를 타 먹는 티스푼으로 5ml로 계량됩니다. 1컵은 200ml를 말하는데 미국의 경우는 240ml를 1컵으로 계량하니 미리 용량을 확인할 필요가 있습니다. 편리성을 위해 일반 밥숟가락을 사용하는 경우도 있지만 집집마다 사용하는 스푼의 크기가 일정하지 않기 때문에 이 책에서는 부피가 통일된 계량스푼과 컵을 사용합니다.

• **무게 계량**

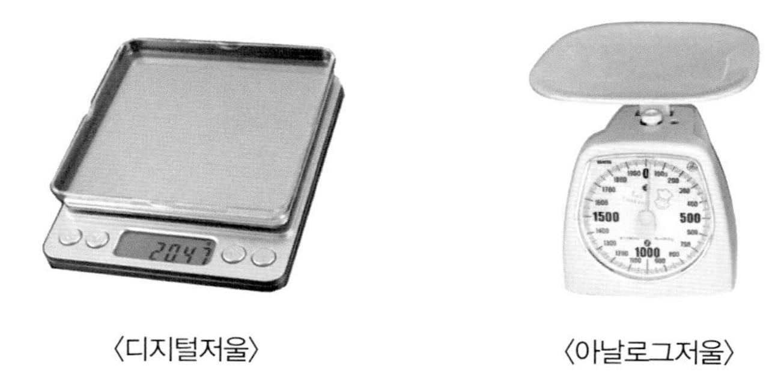

〈디지털저울〉 〈아날로그저울〉

무게 계량에 대한 기준은 따로 없습니다. 절댓값이기 때문에 계량용 저울 하나만 준비하면 됩니다. g단위로 계량되고 2kg까지 계량이 가능한 가정용 디지털저울을 사용하는 것이 편리합니다.

• **불 조절**

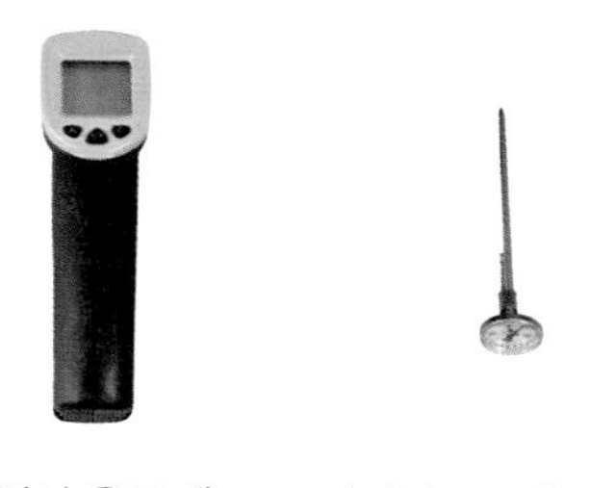

〈적외선 온도계〉 〈아날로그 온도계〉

책에서는 불 조절에 대한 이야기가 두 가지 나옵니다. 한 가지는 '센 불, 중간 불, 약한 불'처럼 가스레인지나 인덕션 등 자체 열원의 세기를 조절하는 것이고, 다른 하나는 '200℃로 예열한 오븐 ,180℃로 달군 식용유'처럼 온도계로 체크를 해야 하는 불 조절이 있습니다. 오븐은 미리 온도를 설정하거나 내부에 온도계가 달려있어 불 조절에 대한 문제는 없지만, 기름을 끓여야 하는 경우엔 온도계로 온도를 체크하는 것이 좋습니다. 온도계는 가격은 조금 비싸지만 안전하게 기름과 떨어져서 체크할 수 있는 적외선 온도계를 추천합니다. 앞서 말했듯이 오븐이나 에어프라이어는 자체적으로 온도를 설정할 수 있지만 가끔 한 번씩 온도계를 사용해 설정 온도가 정확한지 확인할 필요가 있습니다. 만일 고장으로 인해 온도센서가 부정확할 경우 음식의 완성도가 떨어지기 때문입니다.

2. 좋은 감자 고르기

감자는 껍질이 얇고 색이 일정하며, 단단하고 울퉁불퉁하지 않은 비교적 매끈한 감자가 신선한 감자입니다. 하지만 신선하다고 다 좋은 감자는 아닙니다. 껍질이 일어난 감자는 너무 일찍 수확한 감자로 맛이 들지 않아 무르고 싱거울 수 있기 때문입니다. 또한 흠집이 있거나 젖은 감자는 금방 썩기 때문에 오래 보관할 수 없고 다른 감자도 썩게 만드니 피하는 것이 좋습니다. 검은 반점 등이 있는 감자는 병든 감자일 수 있으며, 녹색을 띄거나 싹이 난 감자는 독성을 가지고 있어 식중독을 일으킬 수 있으니 피하는 것이 좋습니다.

3. 감자 손질법

① 감자는 흐르는 물에 깨끗이 씻어 껍질에 묻은 흙을 털어냅니다.

② 용도에 따라 껍질째 사용하거나 껍질을 벗깁니다.

③ 감자의 눈(싹이 나는 부분)을 깔끔하게 도려냅니다.

④ 껍질을 벗긴 감자의 경우 찬물에 담가 보관합니다. 이렇게 하면 갈변을 방지함은 물론 감자 표면의 녹말을 제거할 수 있습니다.

• 감자 써는 방법

① 편 썰기(슬라이스)

② 채 썰기
감자채볶음, 감자채전 등

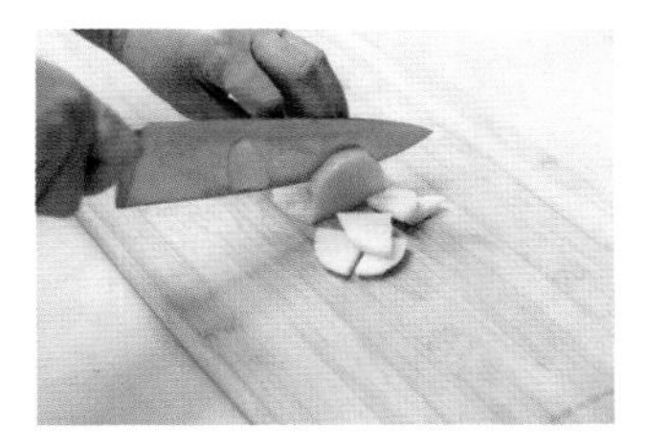

③ 반달썰기
수제비, 생선조림, 볶음 등

④ 깍둑썰기
감자조림, 찌개, 카레라이스 등

⑤ 웨지 썰기
감자튀김, 오븐요리 등

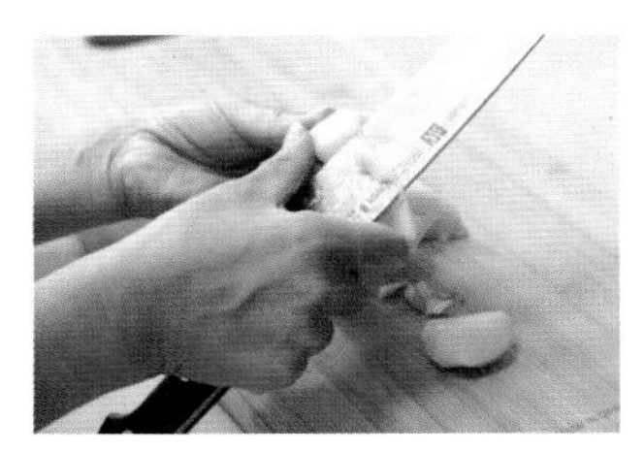

⑥ 큼직하게 썰어 모서리 다듬기
닭볶음탕, 찜 요리 등

4. 감자 삶는법

• 영양 손실 없이 포슬포슬하게 감자 삶는 법

감자의 비타민C는 열에 의해 잘 파괴되지 않지만 수분에 의해서 손실이 일어나기 때문에 물에 직접적으로 담가 삶는 것보다는 증기를 이용해서 찌는 것이 비타민C를 효과적으로 보존하는 방법입니다. 하지만 지금 소개하는 방법은 간단하게 물에 넣어 삶으면서도 영양의 손실 없이 감자를 삶을 수 있는 방법입니다. 보통 감자를 찌면 균일하게 소금 간을 할 수 없지만 이 방법으로 감자를 삶으면 감자에 골고루 간이 배어 그냥 삶기만 했는데도 맛이 훨씬 좋아집니다. 이때 주의해야 하는 점은 감자의 껍질을 벗기지 않은 상태에서 깨끗이 씻은 후 그대로 삶아야 한다는 것입니다. 감자의 껍질을 벗긴 다음 삶으면 영양의 손실도 크고, 삶는 과정에서 전분이 빠져나간 빈 자리에 수분이 침투해 맛도 떨어집니다.

+ Ingredients

재료

감자 500g
소금 1t
물 적당량

+ Cook's tip

- 감자를 삶는 중간에 감자가 익었는지 확인하기 위해 젓가락으로 찔러보는 경우가 있는데, 이러면 젓가락으로 찌른 구멍으로 물이 스며들어 감자의 맛이 떨어질 수 있습니다.
- 약불에서 수분을 날리면 더욱 포슬포슬한 감자를 만들 수 있습니다.

+ Directions

깨끗이 씻은 감자를 냄비에 넣어 감자가 2/3정도 잠기도록 물을 부은 다음, 소금을 넣고 뚜껑을 덮어 삶습니다.

처음엔 센 불로 삶다가 물이 팔팔 끓어오르면 중간 불로 줄여 물이 거의 없어질 때까지 약 30분간 삶습니다. 이렇게 하면 물에 의해 손실되는 영양분을 최소화할 수 있습니다.

물이 거의 없어지면 불을 약하게 줄이고 뚜껑을 열어 남은 수분을 날리면 완성입니다.

5. 감자 저장법

감자는 온도 1~4℃, 습도 70~80%에서 보관하는 것이 가장 좋습니다. 감자를 저장하는 방법으로는 상자 저장, 시렁 저장, 땅속 저장 등이 있는데요. 시렁 저장과 땅속 저장은 일반 가정에서 적용하기는 어려우니 상자 저장을 추천합니다. 상자 저장은 말 그대로 종이상자에 감자를 저장하는 방법으로 상자 겉면에 감자가 나오지 않을 정도의 바람구멍을 만들어 감자를 저장하는 것입니다. 이때 상자에 감자를 너무 가득 담아두면 통풍이 잘 안되어 감자 속살이 검게 변하거나 썩게 되므로 1/2~2/3 정도만 채우는 것이 좋으며, 통풍이 잘되고 서늘한 곳에 보관하도록 합니다.

상자 저장을 할 때 작은 팁을 드리자면 감자 사이에 사과를 한두 개 넣어 두는 것이 좋습니다. 사과에서 나오는 에틸렌 가스가 감자의 싹이 나는 것을 억제하는 효과가 있어 조금 더 오래 보관할 수 있기 때문입니다. 만약 껍질을 벗긴 감자가 남았을 경우에는 찬물에 담가 식초 몇 방울을 떨어트린 다음 냉장고에 넣어 보관합니다. 이렇게 하면 3~4일은 문제없이 보관할 수 있습니다.

4인분 20분(불리는 시간 제외)

감자밥

포근포근한 감자와 쌀, 보리, 콩 등을 넣고 지은 감자밥은 왠지 어릴 적 추억이 생각나는 음식입니다. 짭조름한 양념장에 슥슥 비벼먹으면 감자를 좋아하지 않는 분들도 맛있게 한 끼를 해결할 수 있는 소박한 별미입니다.

+ Ingredients

감자밥

감자 300g(2~3개)
쌀 1컵
보리 1컵
검은콩 1/4컵
물 2컵

양념장

간장 2T
매실청 1T
물 1T
고춧가루 1t
다진 부추 3T
다진 양파 1T
다진 풋고추 1T
다진 쪽파 1T
다진 마늘 1T
깨소금 1t

+ Cook's tip

- 감자밥에 들어가는 곡류는 완두콩, 찹쌀, 귀리, 현미 등 자신이 좋아하는 곡류를 다양하게 넣어 만듭니다.
- 냄비 밥이 어렵다면 압력밥솥에 잡곡밥 코스로 감자밥을 지으면 됩니다.

+ Directions

감자밥 만들 재료를 분량에 맞춰 준비합니다. 감자는 껍질째 깨끗이 씻고 쌀과 보리, 검은콩도 씻어 준비합니다.

감자는 먹기 좋은 크기로 깍둑 썹니다. 감자를 너무 작게 썰면 밥을 하고 섞는 과정에서 으깨질 수 있으니 주의합니다.

볼에 쌀과 보리, 검은콩을 넣고 물 2컵을 부어 1시간 이상 불립니다.

작은 볼에 분량의 양념장 재료를 모두 넣고 섞어둡니다.

가마솥 혹은 냄비에 불린 쌀과 보리, 검은콩을 넣고 적당히 자른 감자를 올린 다음 남은 물을 부어 냄비 밥과 같은 방법으로 밥을 짓습니다.

처음엔 센 불로 끓이다가 밥물이 넘치려고 하면 중간 불로 줄이고 밥물이 자작해지면 약한 불로 줄여 10분간 뜸을 들인 다음 불을 끄고 잘 섞어 양념장과 곁들이면 완성입니다.

지름 12.5cm 14장 50분

호밀 토르티야

건강은 물론 다이어트에도 좋다고 알려진 호밀로 토르티야를 만들었습니다. 밀가루에 알레르기가 있거나 당뇨에 걸려 밀가루를 제한해야 하는 분, 다이어트를 원하는 분들에게 좋은 선택이 될 것입니다.

+ Ingredients

호밀 토르티야

유기농 호밀가루 2.5컵
소금 1t
베이킹파우더 1t
포도씨유 2T
미지근한 물 1.5컵

+ Cook's tip

- 호밀 토르티야는 감자 샐러드를 싸 먹거나 바삭한 감자 타코 등을 만들어 먹을 수 있습니다.

+ Directions

호밀 토르티야 만들 재료를 분량에 맞춰 준비합니다.

볼에 분량의 재료를 모두 넣고 반죽합니다. 반죽이 하나로 뭉쳐지면서 매끈해지면 랩을 씌워 30분간 숙성시킵니다.

30분 뒤 도마에 분량 외의 덧가루를 뿌리고 반죽을 적당한 크기로 자릅니다.

반죽을 밀대를 이용해 얇고 둥글게 밀어 줍니다.

냄비 뚜껑(지름 12.5cm)과 같이 동그란 물건으로 반죽을 찍습니다. 남은 반죽은 다시 합쳐 같은 방법을 반복합니다.

약한 불로 달군 마른 팬에 동그랗게 자른 반죽을 올리고 앞뒤로 노릇하게 구우면 완성입니다.

365ml 10분(발효시간 제외)

사워크림
(sour cream)

사워(sour)는 '신, 시큼하다'라는 뜻으로 발효 생크림으로 이해하면 됩니다. 사워크림은 크림이 들어가는 샐러드드레싱이나 빵을 구울 때 사용하는데, 감자와의 궁합이 일품이라 구운 감자에 얹어 먹거나 감자칩을 찍어 먹기도 합니다.

+ Ingredients

사워크림

생크림 250ml
플레인 요구르트 1/2컵
레몬즙(선택) 1~3T

+ Directions

1 사워크림 만들 재료를 분량에 맞춰 준비합니다.

2 유리용기에 생크림과 플레인 요구르트를 넣고 골고루 섞은 다음 뚜껑을 덮고 스티로폼 백에 넣어 따뜻한 곳에 두고 하루 동안 발효시킵니다.

3 발효된 생크림에 레몬즙을 넣어 섞으면 완성입니다. 완성된 사워크림은 냉장고에서 일주일 정도 보관할 수 있습니다.

165ml 10분

케이준시즈닝 (Cajun seasoning)

마늘, 양파, 후추, 카이엔페퍼, 훈제파프리카 등의 가루를 섞어 만든 매운맛의 케이준시즈닝입니다. 감자칩이나 감자튀김, 오븐요리에 사용하면 좋습니다.

+ Ingredients

케이준시즈닝

- 파프리카가루 3T
- 마늘가루 2T
- 양파가루 1T
- 후춧가루 1/2T
- 오레가노 분말 1T
- 타임 분말 1/2T
- 카이엔페퍼 1T
- 구운 소금 2T

+ Directions

1 케이준시즈닝 만들 재료를 분량에 맞춰 준비합니다.

2 볼에 분량의 재료를 모두 넣고 골고루 섞습니다.

3 유리용기에 섞은 가루를 넣으면 완성입니다. 완성된 케이준시즈닝은 상온에서 6개월 이상 보관이 가능하고, 냉장고에 넣으면 1년 이상 보관할 수 있습니다.

500ml 80분(콩 불리는 시간 제외)

후무스 (Hummus)

중동지역에서 우리의 고추장과 같이 음식을 먹을 때 항상 곁들이는 후무스는 칙피(Chickpea)라고도 부르는 병아리콩을 으깨 만든 음식입니다. 병아리콩은 탄수화물이 적은 고단백식품으로 저혈당 다이어트 식품으로 아주 좋으며, 후무스는 삶은 감자에 버무려 샐러드로 먹어도 좋고 감자튀김을 찍어 먹어도 좋습니다.

+ Ingredients

재료

삶은 병아리콩 2컵
레몬 1개
참깨 4T
마늘 3쪽
소금 1t
큐민 분말 1/4t
올리브오일 4T
물 2T

+ Directions

1 후무스 만들 재료를 분량에 맞춰 준비합니다. 삶은 병아리콩 대신 병아리콩 통조림을 살짝 데쳐서 준비해도 좋습니다.

2 푸드 프로세서에 분량의 재료를 모두 넣고 곱게 갈아줍니다. 이때 레몬은 즙을 내서 넣고 잘 갈리지 않으면 올리브오일을 추가합니다.

3 완전히 갈린 후무스를 유리용기에 담으면 완성입니다. 윗면에 분량 외의 올리브오일을 뿌려 냉장고에 넣으면 일주일 동안 보관할 수 있습니다.

PART 1.

감자로 만드는

국·찌개·탕

맑은 감잣국

4인분 30분

맑은 감잣국은 감자 본연의 맛을 가장 잘 살린 음식으로 꼽을 수 있습니다. 부드럽고 담백해서 어떻게 보면 심심한 맛이라고 느낄 수 있지만 먹을수록 감자 본연의 맛을 알게 되는 묘한 매력을 가진 음식입니다.

+ Ingredients

맑은 감잣국

감자 300g(3개)
참기름 1/2T
다진 마늘 1/2T
양파 1/2개
대파 1/2대
표고버섯 1개
달걀 2개
국간장 1T
소금 1/4t
후춧가루 약간

다시마물

물 6컵
다시마(10cm×10cm) 2장

+ Cook's tip

- 감자가 풀어지지 않고 쫀득한 식감을 원한다면 점질감자를, 어느 정도 풀어지면서 부드럽고 고소한 맛을 원한다면 분질감자를 사용합니다.
- 다시마물 대신에 멸치육수나 고기육수로 만들어도 좋습니다.

맑은 감잣국 만들 재료를 분량에 맞춰 준비합니다.

볼에 물과 다시마를 넣고 1시간 동안 우려 다시마물을 만듭니다.

감자는 껍질을 벗겨 반달썰기 하고 양파도 같은 크기로 썰어줍니다.

표고버섯과 대파는 길쭉하게 어슷 썰어 준비합니다.

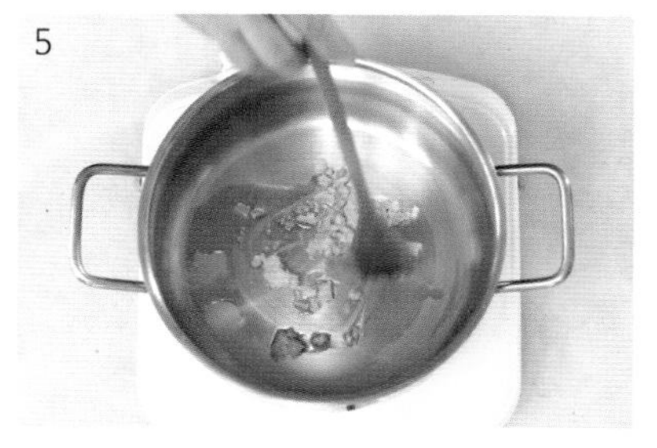

중간 불로 달군 냄비에 참기름을 두르고 다진 마늘을 볶아 향을 냅니다.

고소한 향이 올라오면 썰어둔 감자를 넣고 살짝 익을 때까지 3분간 볶습니다.

썰어둔 양파를 넣고 양파가 투명하게 익을 때까지 볶습니다.

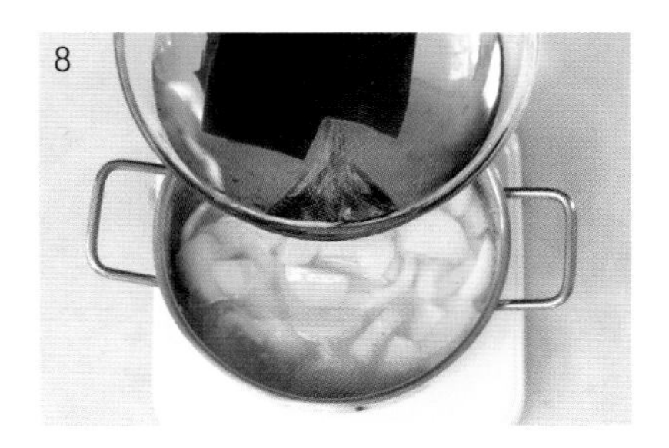

다시마물을 붓고 뚜껑을 덮어 센 불에서 끓입니다.

국물이 끓어오르면 중간 불로 줄이고 10분간 더 끓이다가 감자가 충분히 익으면 어슷 썬 대파와 표고버섯을 넣고 국간장과 소금으로 간을 맞춥니다.

볼에 달걀을 풀고 냄비에 둘러가며 조금씩 붓습니다.

마지막으로 후춧가루를 뿌리면 완성입니다.

경상도식 감잣국

4인분 45분

멸치나 소고기 장국에 감자를 넣어 끓여먹는 부드럽고 구수한 감잣국을 제 고향인 경상도식으로 끓여보았습니다. 경상도에서는 고춧가루를 듬뿍 넣어 얼큰한 맛을 더하고 젓국 대신 소금으로 간을 해서 깔끔하게 끓여 먹는 것이 특징입니다.

+ Ingredients

경상도식 감잣국
감자 450g(3개)
양파 中 1/2개
대파 1컵
달걀 2개
들기름 2T

양념
다진 마늘 1T
국간장 1T
고춧가루 2T
설탕 1/2T
맛술 1T
소금 1T
후춧가루 약간

멸치다시마육수
국물용 멸치 1컵
다시마(10cm×10cm) 2장
물 8컵

+ Cook's tip

- 국물용 멸치는 길이 7cm 이상의 대멸을 사용하도록 합니다. 좋은 멸치는 맑고 은빛(흰빛)이 나며, 누런 기가 없습니다. 멸치의 종류에 따라 황금빛이 도는 경우가 있는데 이때는 황금빛이 돌면서 맑은 것으로 선택하는 것이 좋습니다.
- 감잣국을 끓일 때, 감자의 모양이 유지되는 것을 원하면 점질감자를 사용하고 입에서 부드럽게 부서지는 것을 원하면 분질감자를 사용합니다.

+ Directions

경상도식 감잣국 만들 재료를 분량에 맞춰 준비합니다. 감자는 중간크기로 준비하고 대파는 어슷 썰어서 준비합니다.

멸치다시마육수 재료를 준비하고 다시마는 젖은 수건으로 겉면을 깨끗이 닦습니다.

국물용 멸치는 내장을 떼어내고 중간 불로 달군 마른 팬에 넣어 갈색이 날 정도로 볶습니다. 조금 과하다 싶을 정도로 볶아야 비린내를 잡을 수 있습니다.

냄비에 물을 붓고 손질한 다시마와 볶은 멸치를 넣은 다음 센 불에서 끓입니다.

물이 끓어오르면 중약 불로 줄인 다음 3분 후 다시마만 건져냅니다. 그 상태로 15분간 더 끓이고 체에 걸러 멸치다시마육수를 만듭니다.

작은 볼에 분량의 양념 재료를 모두 넣고 섞어둡니다.

7

감자는 껍질을 벗긴 다음 먹기 좋은 크기로 반달썰기 하고, 양파는 채 썰어 준비합니다.

8

중간 불로 달군 냄비에 들기름을 두르고 감자와 양파를 넣어 볶습니다.

9

양파가 투명하게 익으면 미리 섞어둔 양념을 넣고 고소한 향이 올라올 때까지 볶습니다.

10

고소한 향이 올라오면 멸치다시마육수를 부은 다음 뚜껑을 덮고 센 불에서 끓입니다. 국물이 끓어오르면 중간 불로 줄이고 10분간 끓입니다.

11

어슷 썬 대파를 넣고 2~3분간 끓입니다.

12

볼에 달걀을 푼 다음 냄비에 조금씩 뿌리고 뚜껑을 덮어 2분간 끓이면 완성입니다.

오징어 감자 고추장찌개

4인분 30분

뜨끈하고 얼큰한 맛에 밥 한 그릇 정신없이 먹게 만드는 오징어 감자 고추장찌개입니다. 돼지고기에 버섯, 두부 등을 넣고 고추장을 풀어 만드는 일반적인 고추장찌개와 달리 감자와 오징어를 넣어 고소하면서도 풍미 있는 고추장찌개를 맛볼 수 있습니다. 더운 여름이나 추운 겨울에 보양식으로도 아주 좋습니다.

+ Ingredients

오징어 감자 고추장찌개

감자 300g(2개)
오징어 1마리
애호박 1/4개
표고버섯 2개
양파 中 1/2개
대파 1/2대
청양고추 1개
멸치다시마육수 5컵

양념

식용유 1T
다진 마늘 1T

고춧가루 1T
고추장 1T
된장 1/2T
간장 1T
후춧가루 약간

+ Cook's tip

- 멸치다시마육수는 경상도식 감잣국(p.36)을 참고해서 준비합니다. 멸치를 마른 팬에 바싹 볶은 다음 육수를 만들었기 때문에 비린내 걱정 없는 멸치다시마육수를 끓일 수 있습니다.
- 찌개를 끓일 때는 재료를 넣은 다음 뚜껑을 덮고 끓이는 것이 좋습니다.

+ Directions

오징어 감자 고추장찌개 만들 재료를 분량에 맞춰 준비합니다.

작은 볼에 식용유와 다진 마늘을 제외한 양념 재료를 넣고 섞어둡니다.

멸치다시마육수를 준비하고 오징어는 손질해서 먹기 좋은 크기로 자릅니다. 표고버섯은 편 썰기, 감자와 애호박, 양파, 청양고추는 깍둑썰기, 대파는 어슷 썰기 해서 준비합니다.

냄비를 중약 불로 달군 다음 식용유를 두르고 다진 마늘을 볶아 향을 냅니다.

고소한 향이 올라오면 미리 섞어둔 양념을 넣고 1분간 볶습니다.

깍둑 썬 감자를 넣고 양념과 섞으며 1분간 볶습니다.

7

멸치다시마육수를 붓고 센 불로 올려 뚜껑을 덮어 끓이다가 국물이 끓어오르면 10분간 더 끓입니다.

8

손질한 오징어와 애호박, 표고버섯, 양파를 넣고 뚜껑을 덮어 끓입니다.

9

국물이 끓어오르면 5분간 더 끓이다가 대파와 청양고추를 넣으면 완성입니다.

버섯감자찌개

4인분 30분

밭에서 나는 고기가 콩이라면 산에서 나는 고기를 버섯이라고 하죠. 영양만점 소고기와 향이 좋은 느타리버섯을 넉넉하게 넣어 보글보글 끓인 버섯 감자찌개입니다. 고추장을 넣고 칼칼하게 끓여내서 깊고 진한 맛을 느낄 수 있는 일품 저녁 메뉴입니다.

+ Ingredients

버섯 감자찌개
느타리버섯 200g
데침용 소금 1T
소고기 150g
식용유 1T
감자 300g(2개)
양파 中 1/2개
청양고추 2개
고추장 1.5T
멸치다시마육수 3컵

소고기 밑간
간장 1t
설탕 1t
다진 파 1T
다진 마늘 1t
참기름 1t
후춧가루 약간

느타리 밑간
다진 마늘 1t
다진 파 1T
소금 1/4t
참기름 1t

+ Cook's tip

- 멸치다시마육수는 경상도식 감잣국(p.36)을 참고해서 준비합니다.
- 찌개를 끓일 때 재료에 밑간을 하면 더욱 깊은 맛의 찌개를 만들 수 있습니다.
- 감자는 탄수화물이 풍부한 재료지만 단백질과 지방은 적기 때문에 단백질이 풍부한 소고기와 버섯을 넣어 함께 조리하면 영양균형을 맞출 수 있습니다.

+ Directions

버섯 감자찌개 만들 재료를 분량에 맞춰 준비합니다. 느타리버섯은 밑동을 제거하고 적당히 찢어 준비합니다.

청양고추는 송송 썰고 양파는 채 썹니다. 감자는 깨끗이 씻어 먹기 좋은 크기로 깍둑 썰어 준비합니다.

소고기는 사방 2cm 정도로 썰어 볼에 넣고 분량의 밑간 재료를 모두 넣은 다음 주물러 재워둡니다.

끓는 물 2L에 데침용 소금을 넣고 느타리버섯을 살짝 데칩니다. 데친 느타리버섯은 바로 찬물에 담가 헹구고 물기를 꽉 짭니다.

물기를 제거한 느타리버섯을 볼에 넣고 분량의 밑간 재료를 모두 넣은 다음 조물조물 무쳐 놓습니다.

중간 불로 달군 냄비에 식용유를 두르고 밑간한 소고기를 넣어 볶습니다.

소고기가 익으면 멸치다시마육수를 붓고 고추장을 풀어 끓입니다.

썰어둔 감자를 넣고 끓입니다. 국물이 끓어오르면 5분간 더 끓여 감자를 익힙니다.

밑간한 느타리버섯을 넣고 5분간 끓입니다.

양파와 청양고추를 넣고 뚜껑을 덮어 3분간 더 끓이면 완성입니다. 취향에 따라 모자란 간은 분량 외의 소금을 넣어 맞춥니다.

감자옹심이

2인분 40분

감자를 갈아 새알 크기로 빚은 다음 육수에 넣어 끓인 강원도 토속음식, 감자옹심이입니다. 옹심이는 '새알심'의 강원도 방언으로 이름처럼 작고 동글동글해 한 입에 넣어 먹을 수 있는데요. 감자로 만들어 더욱 쫄깃한 식감과 시원한 국물 맛이 아주 잘 어울리는 한그릇 음식입니다.

+ Ingredients

감자 옹심이

감자 500g(3개)
감자전분 3T
소금 1/2t

참기름 1T
다진 마늘 1/2T
소고기 100g
국간장 1T
물 5컵

애호박 1/2개
풋고추 1개
홍고추 1/2개

소금 1/4t
통깨 1t
달걀 1개

+ Cook's tip

- 좀 더 쫄깃한 맛의 옹심이를 원한다면 감자반죽을 만들 때 감자전분을 조금 더 넣으면 됩니다.
- 레시피에서는 소고기를 볶아 바로 육수를 냈는데, 소고기육수 대신 멸치육수로 만들어도 맛있습니다.

감자옹심이 만들 재료를 분량에 맞춰 준비합니다.

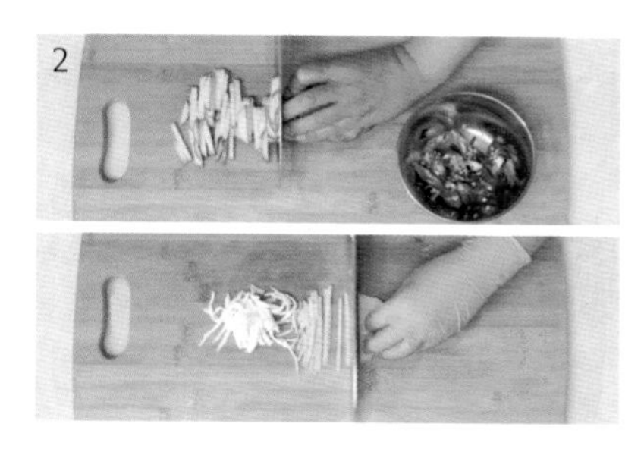

애호박은 채 썰고, 풋고추와 홍고추는 어슷 썹니다. 달걀은 흰자와 노른자로 나눠 황백지단을 부친 다음 채 썰어 준비합니다.

감자는 껍질을 벗긴 다음 큼직하게 썰어 믹서에 넣고 곱게 갑니다.

곱게 간 감자를 면주머니에 넣고 꽉 짜서 건더기와 물로 나눕니다.

감자를 짜낸 물은 가만히 놔두면 그릇 아래에 전분이 가라앉습니다. 전분이 충분히 가라앉으면 윗물만 조심히 따라버립니다.

면주머니로 꽉 짰던 감자 건더기를 볼에 담고, 여기에 가라앉은 전분을 넣어 골고루 섞습니다.

7

감자전분과 소금을 넣고 치대 감자반죽을 만듭니다. 이때 반죽이 너무 뻑뻑하다면 분량 외의 물을 조금씩 넣어가며 반죽합니다.

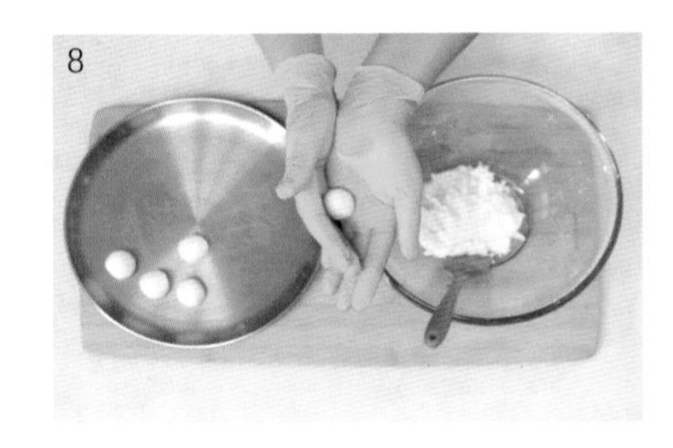

8

감자반죽을 메추리알 크기만큼 뗀 다음 손바닥으로 둥글게 굴려 옹심이를 만들어둡니다.

9

중간 불로 달군 냄비에 참기름을 두르고 다진 마늘을 넣어 볶다가 고소한 향이 올라오면 소고기를 넣어 볶습니다.

10

소고기가 익으면 국간장을 넣어 볶다가 물을 붓고 센 불로 올린 다음 뚜껑을 덮어 끓입니다.

11

물이 끓어오르면 중간 불로 줄이고 옹심이와 애호박을 넣어 끓입니다. 끓이면서 생기는 거품은 제거합니다.

12

옹심이가 떠오르면 풋고추와 홍고추를 넣고 3분간 더 끓이다가 소금으로 간을 맞추고 통깨와 미리 만들어둔 황백지단을 올리면 완성입니다.

감자수제비

4인분 50분

강원도 지역의 향토음식인 감자수제비입니다. 일반 밀가루 수제비에 감자를 넣고 끓이는 방법도 있지만, 반죽에 감자를 갈아 넣으면 쫄깃한 식감을 더하고 감자 향을 가득 느낄 수 있는 별미가 됩니다.

+ Ingredients

감자수제비
감자 1개
애호박 1/2개
대파 1/2대
국간장 1/2T
소금 1/4t
후춧가루 약간
멸치다시마육수 5컵

반죽
감자 200g(2개)
중력분 2컵
소금 1t
물 1/4컵(상황에 따라 조절)

양념장
간장 1T
다진 청양고추 2개
다진 마늘 1T
고춧가루 1T
통깨 1t
참기름 1t

+ Cook's tip

- 햇감자의 경우에는 감자 자체에 수분이 많기 때문에 물을 섞지 않아도 충분히 반죽할 수 있습니다. 물을 섞지 않고 만들면 감자의 풍미를 훨씬 더 잘 느낄 수 있습니다.
- 수제비 반죽은 최대한 얇게 떼어 넣어야 쫀득한 식감을 제대로 느낄 수 있습니다.
- 멸치다시마육수는 경상도식 감잣국(p.36)을 참고해서 준비합니다.

+ Directions

감자수제비 만들 재료를 분량에 맞춰 준비합니다.

먼저 반죽을 만듭니다. 감자는 깨끗이 씻어 적당한 크기로 자른 다음 믹서에 넣고 곱게 갈아줍니다. 이때 물을 조금씩 넣어서 갈면 훨씬 잘 갈립니다.

볼에 중력분과 소금을 넣고 그 위에 곱게 간 감자를 붓습니다.

주걱을 사용해 반죽합니다. 조금 진 반죽으로 날가루 없이 골고루 섞이면 랩을 덮어 냉장고에서 30분간 숙성시킵니다.

작은 볼에 분량의 양념장 재료를 모두 넣고 섞어 양념장을 만듭니다.

감자와 애호박은 4등분으로 반달썰기 하고, 대파는 송송 썰어둡니다.

7

냄비에 멸치다시마육수를 붓고 끓이다가 육수가 끓어오르면 감자와 애호박을 넣고 5분간 끓입니다.

8

냉장고에서 숙성시킨 반죽을 꺼내 숟가락 두 개를 이용해서 반죽을 떼어 넣습니다. 육수가 튀지 않도록 조심하면서 되도록 얇게 떼어 넣습니다.

9

반죽이 익어 떠오르면 국간장과 소금, 후춧가루를 넣고 2분간 끓입니다.

10

송송 썬 대파를 넣고 살짝 더 끓인 다음 미리 만들어둔 양념장과 곁들이면 완성입니다.

들깨 감자탕

4인분 30분

맛과 영양은 물론 음식의 품격까지 한 층 높여주는 들깨가루를 듬뿍 넣고 끓인 들깨 감자탕입니다. 들깨의 진하고 고소한 맛에 버섯과 죽순은 특유의 향과 풍미를 더해주고, 입에서 사르르 녹는 감자의 부드러운 맛은 없던 입맛도 돌게 만들어줍니다.

+ Ingredients

들깨 감자탕

감자 3개
양파 1/2개
삶은 죽순 1컵
표고버섯 2개
대파 밑동 1대
멸치다시마육수 5컵
참기름 1T
다진 마늘 1T
국간장 1T
거피 들깨가루 3T
소금 1/2t

+ Cook's tip

- 들깨가루는 껍질째 간 들깨가루와 껍질을 벗겨 간 들깨가루(거피 들깨가루), 두 가지로 나눕니다. 일반적으로 순댓국 등 육류가 들어가는 요리에는 껍질째 간 들깨가루를 사용하고, 국이나 나물 등을 조리할 때는 껍질을 벗긴 들깨가루를 사용하는 것이 좋습니다.
- 통조림 죽순을 사용할 경우에는 밑에 가라앉은 하얀 수산은 버리고 쌀뜨물에 데쳐서 찬물에 담갔다가 사용해야 합니다. 수산을 완전히 제거하지 않으면 아린 맛이 나거나 결석이 생길 수도 있습니다.
- 멸치다시마육수는 경상도식 감잣국(p.36)을 참고해서 준비합니다.

1

들깨 감자탕 만들 재료를 분량에 맞춰 준비합니다.

2

양파는 채 썰고 감자는 깍둑 썰어 준비합니다.

3

표고버섯은 밑동을 제거해 편으로 썰고, 대파는 어슷 썰어 준비합니다.

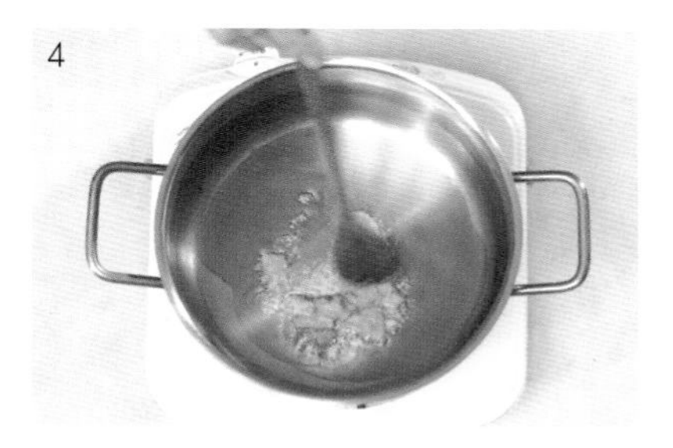

4

중간 불로 달군 냄비에 참기름을 두르고 다진 마늘을 볶아 향을 냅니다.

5

마늘과 참기름의 고소한 향이 올라오면 손질한 감자와 양파를 넣고 양파가 투명해질 때까지 볶습니다.

6

멸치다시마육수를 붓고 뚜껑을 덮어 센 불에서 끓입니다. 국물이 끓어오르면 중간 불로 줄이고 5분간 더 끓입니다.

삶은 죽순과 표고버섯을 넣은 다음 뚜껑을 덮고 5분간 끓입니다.

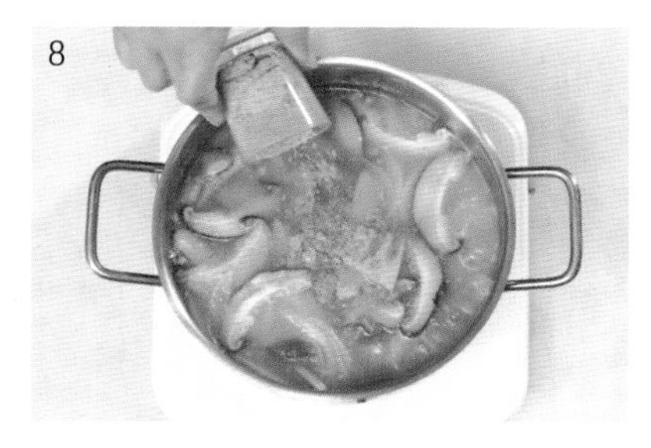

국간장과 거피 들깨가루를 넣고 들깨가루가 뭉치지 않도록 골고루 섞습니다.

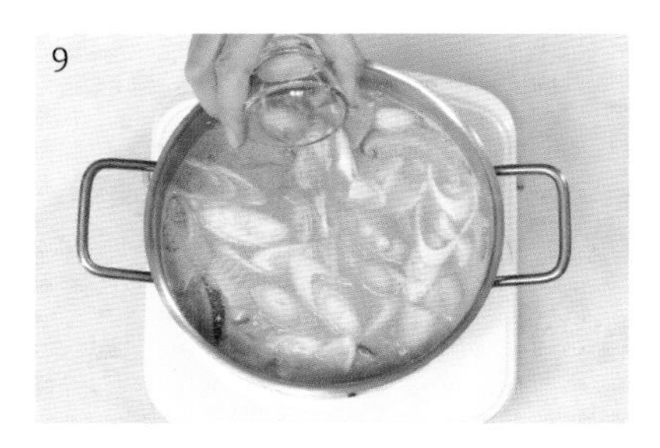

어슷 썬 대파와 소금을 넣고 살짝 더 끓이면 완성입니다.

돼지갈비 감자탕

4인분 120분

돼지등뼈나 갈비를 푹 삶아 우거지를 넣고 끓인 감자탕은 영양뿐만 아니라 맛도 좋아 환절기 영양식으로 손색이 없습니다. 한 끼 식사로도, 건강식으로도, 음주 후 해장국으로도 인기 만점인 감자탕을 직접 만들어보겠습니다.

+ Ingredients

돼지갈비 감자탕
- 돼지갈비 600g
- 데친 우거지 300g
- 감자 中 4개
- 양파 中 1/4개
- 대파 밑동 1/2대
- 깻잎순 한 줌
- 들깨가루 2T
- 소금 약간

삶기
- 양파 中 1/4개
- 마늘 3쪽
- 생강 1/2톨
- 마른 고추 1개
- 대파의 푸른 부분 1/2대
- 된장 2t
- 맛술 2t
- 통후춧가루 1/2t
- 물 8컵

양념
- 고춧가루 1T
- 고추장 1t
- 국간장 2t
- 다진 생강 1/2t
- 다진 마늘 2t
- 된장 2T
- 맛술 1T

+ Cook's tip

- 돼지갈비처럼 뼈가 있는 고기는 핏물을 잘 빼야 잡내도 안 나고 구수한 맛을 낼 수 있으니 미리 찬물에 3시간 정도 담가 충분히 핏물을 제거합니다.
- 레시피에는 총 세 번에 걸쳐 잡내를 제거하고 있습니다. 첫 번째는 찬물에 담가 핏물을 충분히 제거하기, 두 번째는 끓는 물에 데쳐서 남은 핏물과 이물질 제거하기, 세 번째는 양념을 넣어 끓이기 입니다. 이 세 가지 과정만 잘 지킨다면 전문점 부럽지 않은 깔끔한 감자탕을 끓일 수 있습니다.

1

돼지갈비는 찬물에 담근 후 물을 갈아가며 3시간 정도 담가 핏물을 충분히 제거합니다.

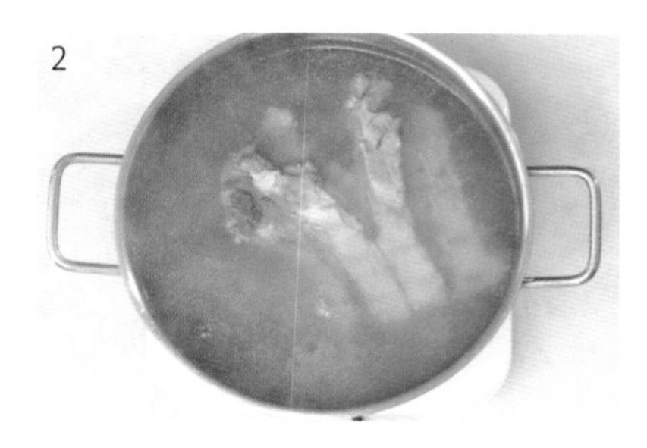

2

핏물을 제거한 돼지갈비를 끓는 물에 넣어 5분간 데친 후 찬물에 깨끗이 씻습니다. 남은 핏물과 기름기, 이물질 등을 제거하는 과정입니다.

3

삶기 재료를 분량에 맞춰 준비합니다.

4

깨끗이 씻은 돼지갈비를 냄비에 넣고 삶기 재료를 모두 넣어 뚜껑을 덮고 끓입니다. 국물이 끓어오르면 중약 불로 줄이고 1시간 이상 끓입니다.

5

푹 익은 돼지갈비를 건져내고 면포에 국물을 걸러냅니다.

6

감자탕에 들어갈 재료와 양념 재료를 분량에 맞춰 준비합니다.

7

돼지갈비와 걸러낸 국물을 다시 냄비에 넣고, 껍질을 벗긴 감자를 넣어 감자가 익도록 20분간 끓입니다.

8

양파는 채 썰고 대파는 어슷 썰어 볼에 넣은 다음 데친 우거지와 분량의 양념 재료를 모두 넣어 밑간을 합니다.

9

냄비에 밑간한 우거지와 들깨가루를 넣고 5분간 끓입니다.

10

깻잎순을 듬뿍 올려 3분간 끓인 뒤 소금으로 간을 맞추면 완성입니다.

차돌박이 감자매운탕

4인분 30분

고소하고 쫀득한 맛의 차돌박이를 넣고 끓인 감자매운탕입니다. 칼칼하고 얼큰한 국물은 밥과 함께 먹어도 좋지만 간단한 반주가 생각날 때 곁들일 술안주로도 최곱니다.

+ Ingredients

차돌박이 감자매운탕

감자 300g(2개)
차돌박이 150g
양파 1/2개
애호박 1/4개
표고버섯 1개
홍고추 1개
풋고추 1개
대파 1/3대
물 3컵

양념

국간장 1T
고춧가루 1T
고추장 1T
맛술 1T
다진 마늘 1/2T

소금 약간
후춧가루 약간

+ Cook's tip

- 차돌박이를 넣어 만들기 때문에 따로 육수를 넣지 않아도 진한 국물 맛을 낼 수 있습니다.

차돌박이 감자매운탕 만들 재료를 분량에 맞춰 준비합니다.

차돌박이는 사방 2cm 크기로 자르고 양파와 표고버섯은 채 썹니다. 고추와 대파는 송송 썰고, 애호박은 4등분하여 반달썰기 합니다. 감자는 먹기 좋은 크기로 깍둑 썰어 준비합니다.

작은 볼에 소금과 후춧가루를 제외한 분량의 양념 재료를 넣고 섞습니다.

양념에 차돌박이를 넣고 주무른 다음 양념이 고기에 잘 배도록 10분간 재웁니다.

중간 불로 달군 냄비에 밑간해둔 차돌박이를 넣고 볶습니다.

차돌박이가 익으면 물을 붓고 뚜껑을 덮은 다음 끓입니다. 물이 끓어오르면 5분간 더 끓입니다.

7

감자를 넣고 5분간 끓입니다.

8

양파와 애호박, 표고버섯을 넣고 5분간 끓입니다.

9

홍고추와 풋고추, 대파를 넣고 살짝 끓입니다.

10

소금과 후춧가루로 간을 맞추면 완성입니다.

PART 2.

감자로 만드는

반찬

꽈리고추 감자조림

4인분 20분

꽈리고추 감자조림은 우리 집 식탁 위에 자주 올라가는 반찬 중 하나입니다. 포슬포슬 고소한 감자와 매콤한 꽈리고추를 간장과 고추장 양념으로 맛을 내 짭조름하면서도 부드러운 맛이 일품인데요. 감자와 꽈리고추는 같이 먹다보면 어느새 밥 한 그릇을 뚝딱 하게 되는 밥상 위에 밥도둑 콤비랍니다.

+ Ingredients

꽈리고추 감자조림

감자 中 300g(3개)
꽈리고추 약 15개
양파 中 1/2개
물 5T
식용유 1t
다진 마늘 1t

양념

올리브오일 1t
양조간장 1T
올리고당 1.5T
고추장 1T

참기름 1t

+ Cook's tip

- 꽈리고추에 이쑤시개나 포크 등으로 두세 군데 구멍을 내주면 양념이 속까지 잘 뱁니다.

+ Directions

꽈리고추 감자조림 만들 재료를 분량에 맞춰 준비합니다.

감자와 양파는 먹기 좋은 크기로 깍둑 썹니다.

중간 불로 달군 팬에 식용유를 두르고 다진 마늘을 볶아 향을 냅니다.

적당한 크기로 자른 감자와 양파를 넣고 3분간 볶습니다.

물을 넣고 뚜껑을 덮은 다음 약한 불에서 5분간 익힙니다.

작은 볼에 참기름을 제외한 양념 재료를 넣고 골고루 섞습니다.

감자가 익으면 꽈리고추와 양념을 넣고 감자가 으깨지지 않도록 살살 섞으며 볶습니다.

참기름을 넣고 섞으면 완성입니다.

멸치 감자조림

4인분 20분

간장 양념으로 조린 감자조림은 쉬워 보이지만 은근히 맛내기 어려운 음식 중 하나입니다. 이런 감자조림을 쉽고 맛있게 만들 수 있는 레시피를 소개합니다. 감자만 넣어도 맛있지만 멸치까지 함께 넣으면 건강까지 챙길 수 있습니다.

+ Ingredients

멸치 감자조림
감자 中 2개
잔멸치 50g
홍고추 1개
식용유 약간

양념
간장 2T
다진 마늘 1T
다진 파 1T
청주 1T
설탕 1T
맛술 1t
후춧가루 약간

참기름 1t
통깨 1t

+ Cook's tip

- 감자의 싹에는 독성 물질이 있기 때문에 감자를 손질할 때는 싹이 난 부분을 완벽히 도려내도록 합니다.

+ Directions

멸치 감자조림 만들 재료를 분량에 맞춰 준비합니다.

감자는 사방 1cm 크기로 깍둑 썰고 홍고추는 씨를 제거한 다음 가늘게 채 썰어 준비합니다.

작은 볼에 참기름과 통깨를 제외한 나머지 양념 재료를 넣고 섞습니다.

중약 불로 달군 마른 팬에 잔멸치를 넣고 볶아 비린내를 제거한 다음 체에 털어 가루를 제거합니다.

중약 불로 달군 팬에 식용유를 두르고 감자를 넣어 5분간 볶습니다.

감자가 어느 정도 익으면 가루를 털어낸 잔멸치를 넣고 살짝 볶습니다.

7

미리 섞어둔 양념을 넣어 골고루 볶은 다음 약한 불에서 천천히 조립니다.

8

양념이 어느 정도 졸아들고 감자와 멸치에서 윤기가 나면 채 썬 홍고추를 넣어 살짝 볶습니다.

9

불을 끈 다음 참기름과 통깨를 뿌리고 살짝 섞으면 완성입니다.

어묵 감자조림

4인분 20분

고소한 감자와 달콤 짭조름한 맛의 양념이 어우러져 입맛을 사로잡는 국민 반찬, 감자조림. 이번에는 여기에 남녀노소 누구나 좋아하는 어묵을 넣고 만들었습니다. 쫀득한 어묵의 식감이 먹는 재미를 더해주는 반찬입니다.

+ Ingredients

어묵 감자조림

감자 400g
사각 어묵 2장
양파 中 1/2개
물 1/2컵

식용유 1t
다진 마늘 1t
간장 2T
올리고당 2T
맛술 1t
후춧가루 약간
참기름 1t

+ Cook's tip

- 양념에 식용유를 조금 넣으면 더욱 부드럽고 맛있는 감자조림을 만들 수 있습니다.
- 감자조림을 만들 때, 분질감자를 사용하면 형체를 알아보기 힘들 정도로 잘 부서지므로 중간질감자인 수미나 점질감자를 사용하는 것이 좋습니다.

어묵 감자조림 만들 재료를 분량에 맞춰 준비합니다. 이때 감자는 중간질감자인 수미로 준비합니다.

감자는 먹기 좋은 크기로 자르고, 어묵과 양파는 사방 3cm 크기로 썰어 준비합니다.

냄비에 물을 붓고 식용유와 다진 마늘을 넣습니다.

감자를 넣고 뚜껑을 덮은 다음 끓입니다. 물이 끓어오르면 중약 불로 줄이고 3분간 더 끓입니다.

뚜껑을 열고 어묵과 양파, 간장과 올리고당, 맛술, 후춧가루를 넣어 잘 섞은 다음 뚜껑을 덮고 5분간 조립니다.

양념이 골고루 배도록 저으며 조리다가 참기름을 넣고 살짝 섞으면 완성입니다.

알감자조림

3~4인분 40분

알감자조림은 감자 하나를 통째로 입안에 넣어 먹을 수 있기 때문에 감자의 풍미와 양념의 감칠맛을 한 번에 느낄 수 있는 메뉴입니다. 앙증맞은 모습에 도시락 반찬으로도 아주 좋습니다.

+ Ingredients

알감자조림

알감자 500g
소금 1T
물 1L
식용유 2T
다시마물 1/2컵

조림장

간장 2T
다진 마늘 1t
올리고당 2T
참기름 1t
통깨 1t

+ Cook's tip

- 알감자조림을 만들 때는 알감자의 껍질을 까지 않고 만들어야 겉이 쫀득하면서 짠맛이 과하게 배지 않습니다. 또한 감자는 되도록 껍질째 조리하는 것이 영양소 손실도 덜하고 껍질에 풍부한 영양소를 모두 섭취할 수 있습니다.
- 다시마물은 맑은 감잣국(p.32)을 참고해서 준비합니다.

1

알감자조림 만들 재료를 분량에 맞춰 준비합니다. 알감자는 깨끗이 씻어 껍질째 준비합니다.

2

냄비에 물과 소금을 넣고 알감자를 삶습니다. 물이 팔팔 끓어오르면 5분간 더 삶습니다.

3

삶은 감자를 건져 찬물에 헹군 다음 물기를 제거합니다.

4

중간 불로 달군 팬에 식용유를 두르고 물기를 제거한 알감자를 넣어 볶습니다.

5

겉껍질이 쪼글쪼글하면서 노릇하게 구워지면 다시마물과 간장, 다진 마늘을 넣고 중간 중간 저어가며 조립니다.

6

국물이 자박하게 조려지면 올리고당으로 윤기를 더하고, 참기름과 통깨를 넣어 골고루 섞으면 완성입니다.

감자볶음

4인분 30분

감자볶음을 만들다보면 감자가 쉽게 부서지고 뭉그러져 볼품이 없어질 때가 있습니다. 그럴 땐 채 썬 감자를 소금물에 담가 전분을 제거하면 감자에 밑간이 될 뿐만 아니라 부서지지 않아 맛도 좋고 보기도 좋은 감자볶음을 만들 수 있습니다.

+ Ingredients

감자볶음
감자 2개
양파 1/2개
오이고추 1개
참기름 1T

물 2컵
소금 2T

양념
다진 마늘 1t
물 약간
후춧가루 약간
통깨 약간

+ Cook's tip

- 채 썬 감자를 소금물에 담그면 분질감자도 부서지지 않게 볶을 수 있습니다.
- 매콤한 맛을 좋아한다면 오이고추 대신 풋고추나 청양고추를 넣어도 좋습니다.

+ Directions

감자볶음 만들 재료를 분량에 맞춰 준비합니다. 이때 감자는 부서지기 쉬운 분질감자보다는 중간질감자인 수미로 준비합니다.

감자, 양파, 오이고추는 채 썰어 준비합니다.

물에 소금을 넣어 잘 녹인 다음 채 썬 감자를 넣고 5분간 담가 전분을 제거합니다.

5분 뒤 감자를 건져 물기를 제거합니다.

중간 불로 달군 팬에 참기름을 두르고 감자와 양파를 넣어 볶습니다.

양파가 투명하게 익으면 다진 마늘과 물을 넣고 볶습니다. 물을 조금 넣으면 감자를 부드럽게 익힐 수 있습니다.

감자가 익으면 채 썬 오이고추를 넣어 살짝 볶습니다.

후춧가루와 통깨를 넣고 한 번 더 볶으면 완성입니다.

감자채전

2~3인분 20분

감자채전은 갈아서 만드는 감자전과는 또 다른 식감과 맛을 즐길 수 있는 전입니다. 쫀득한 식감의 일반 감자전과는 다르게 바삭한 맛과 고소한 맛을 느낄 수 있으며, 밀가루의 글루텐이 부담스러운 분이나 아이들의 간식으로 정말 좋습니다.

+ Ingredients

감자채전
감자 2개(300g)
소금 1/4t
감자전분 4T
식용유 약간

+ Cook's tip

- 채 썬 감자를 물에 담가 전분을 제거하면 감자채전을 부서지지 않고 바삭하게 만들 수 있습니다.
- 감자채전이 뜨거울 때 치즈를 얹어 녹이면 아이들이 굉장히 좋아하는 간식이 완성됩니다.

+ Directions

1 감자채전 만들 재료를 분량에 맞춰 준비합니다.

2 감자는 깨끗하게 씻은 다음 가늘게 채 썰어줍니다.

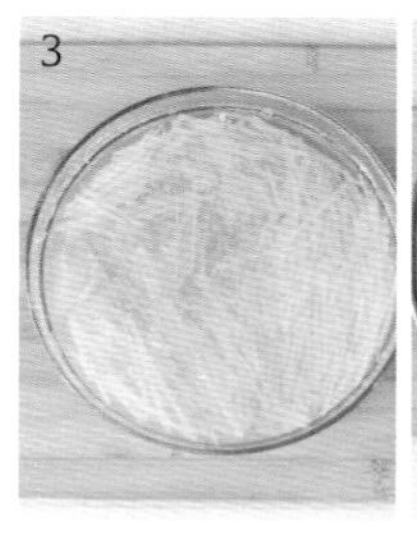

3 채 썬 감자는 찬물에 10분간 담가 전분을 뺀 다음 건져 물기를 제거합니다.

4 물기를 제거한 감자채에 소금과 감자전분을 넣고 골고루 버무립니다. 감자전분은 감자가 서로 붙을 정도만 넣으면 됩니다.

5 중간 불로 달군 팬에 식용유를 두르고 감자채를 얹어 부칩니다. 감자채는 되도록 얇게 부치는 것이 좋습니다.

6 앞뒤로 바삭하게 부쳐내면 완성입니다.

애호박 감자전

4인분 25분

애호박과 감자는 여름에 먹는 대표적인 채소로 각종 비타민과 섬유질, 미네랄 등이 풍부하기 때문에 건강 식재료로 인기가 높습니다. 애호박 감자전은 애호박과 감자를 갈아 부치는 전으로 부드러우면서 쫀득쫀득한 맛이 일품입니다.

+ Ingredients

애호박 감자전

감자 中 2개
애호박 1개
달걀 1개
소금 약간
중력분 5T
물 약간
식용유 약간

+ Cook's tip

- 감자와 애호박을 갈 때 잘 갈리지 않으면 물을 조금 넣습니다. 물을 넣으면 아주 잘 갈립니다.
- 간 감자와 애호박을 섞었을 때 반죽이 너무 묽다면 중력분을 조금 더 넣어 반죽의 농도를 맞춥니다.

1

애호박 감자전 만들 재료를 분량에 맞춰 준비합니다.

2

믹서에 갈기 쉽도록 감자와 호박을 적당한 크기로 썰어 준비합니다.

3

먼저 감자를 갈아줍니다. 감자를 갈 때 물을 약 2Ts 정도 넣고 갈면 곱게 잘 갈립니다.

4

간 감자는 고운 체에 걸러 물기를 제거하고 볼에 담아줍니다.

5

애호박도 믹서에 곱게 갈아줍니다. 이때도 애호박이 잘 갈리지 않으면 물을 1~2Ts 정도 넣어 갈아줍니다.

6

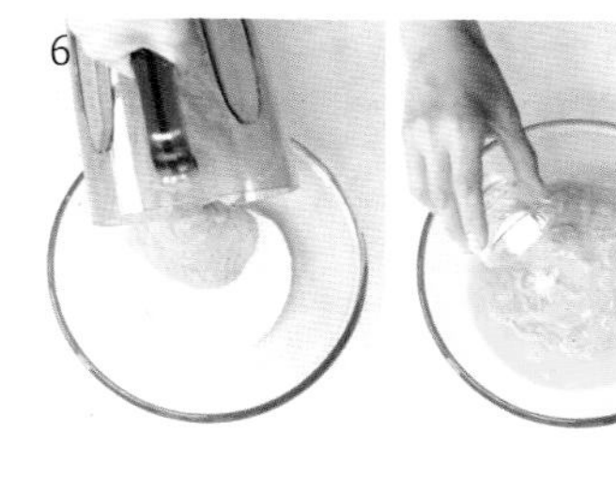

간 애호박을 감자와 함께 섞고 달걀과 소금을 넣어 골고루 섞습니다.

중력분을 넣고 덩어리지지 않도록 잘 섞어 반죽을 만듭니다.

중약 불로 달군 팬에 식용유를 두르고 반죽을 동그랗게 올려 부칩니다.

취향에 따라 홍고추와 풋고추를 얇게 썰어 고명으로 올리고 앞뒤로 노릇노릇하게 부치면 완성입니다.

감자 탕수

2인분 40분

튀긴 감자옹심이에 탕수 소스를 부어 먹는 감자 탕수입니다. 감자옹심이의 쫄깃한 맛에 우리 아이들은 고기인 줄 알고 먹는답니다. 돼지고기나 닭고기 대신 감자로 담백하게 만들었기 때문에 채식을 하는 분들에게도 환영받는 음식이 될 것입니다.

+ Ingredients

감자 탕수
감자 300g(2~3개)
감자전분 2T
소금 1/2t
샐러리 1/2줄기
파프리카 1/8개
당근 1/8개
식용유 적당량

튀김옷
감자전분 3T
달걀흰자 1개

탕수 소스
간장 1t
설탕 2T
식초 1T
소금 약간
물 1/3컵

전분물
감자전분 1/2T
물 2t

+ Cook's tip

- 남은 감자반죽으로 감자옹심이(p.48)를 만들어도 좋습니다.

+ Directions

1 감자 탕수 만들 재료를 분량에 맞춰 준비합니다. 이때 감자는 껍질을 까서 준비하고 채소는 냉장고에 있는 채소를 사용하면 됩니다.

2 먼저 감자옹심이를 만듭니다. 감자는 믹서에 갈기 쉽게 적당한 크기로 잘라 곱게 갈아줍니다. 감자가 잘 갈리지 않으면 분량 외의 물을 조금 넣으면 됩니다.

3 간 감자는 면주머니에 넣고 꽉 짜서 건더기와 물로 나눕니다.

4 감자를 짠 물은 가만히 놔둬 전분이 가라앉도록 합니다. 전분이 가라앉으면 윗물을 따라버립니다.

5 면주머니 안에 있는 감자 건더기를 볼에 담고 가라앉은 전분을 넣은 다음 골고루 섞습니다.

6 감자전분과 소금을 넣고 섞어 반죽을 만듭니다.

반죽을 조금 떼어낸 다음 손으로 꾹 쥐어 모양을 잡습니다.

모양을 잡은 반죽은 끓는 물에 넣고 삶습니다. 반죽이 물 위로 떠오르면 건져서 찬물에 담가 식힌 뒤 물기를 제거합니다.

볼에 분량의 튀김옷 재료를 모두 넣고 섞은 후 삶은 반죽을 굴려 튀김옷을 입힙니다.

180℃로 달군 식용유에 반죽을 넣고 노릇하게 튀긴 다음 키친타월에 올려 기름을 제거합니다.

작은 냄비에 분량의 탕수 소스 재료를 모두 넣고 끓입니다. 소스가 끓어오르면 불을 줄이고 전분물을 조금씩 부어가며 저어 걸쭉한 소스를 만듭니다.

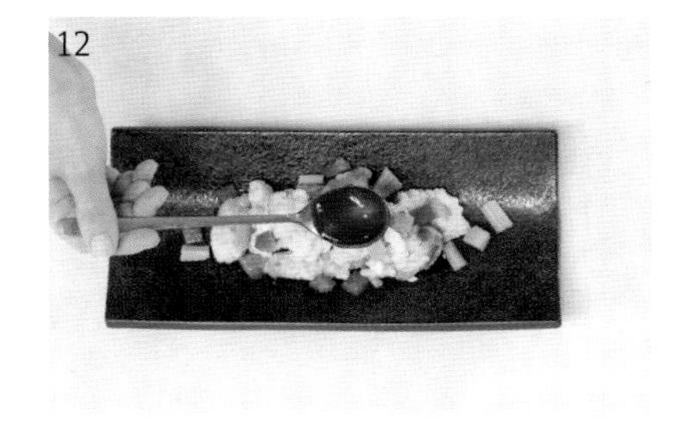

접시에 튀긴 반죽을 올리고 샐러리, 파프리카, 당근을 작게 깍둑 썰어 얹습니다. 그 위에 걸쭉한 탕수 소스를 뿌리면 완성입니다.

PART 3.

감자로 만드는

간식

감자볼

2~3인분 60분

부드러운 감자 속에 베이컨과 치즈 등을 넣어 튀겨낸 감자볼입니다. 집에 있는 간단한 재료로 만든 바삭바삭한 감자볼은 아이들 영양 간식으로도 좋고 간단한 맥주 안주로도 좋습니다.

+ Ingredients

감자볼

감자 300g(1~2개)
구운 베이컨 조각 1/4컵
구운 마늘 1/4컵
다진 체더치즈 1/4컵
다진 쪽파 1/4컵
소금 약간
후춧가루 약간
식용유 적당량

튀김옷

달걀 2개
빵가루 1.5컵

+ Cook's tip

- 감자볼은 에어프라이어로도 간단하게 만들 수 있습니다. 5번 과정까지 만든 다음 오일스프레이를 골고루 뿌리고 에어프라이어에 넣어 180℃, 10분으로 세팅해 구우면 완성입니다.

+ Directions

감자볼 만들 재료를 분량에 맞춰 준비합니다.

감자는 가이드(p.20)를 참고해 삶은 다음 껍질을 벗기고 볼에 넣어 곱게 으깹니다.

으깬 감자에 소금과 후춧가루로 간을 맞춘 다음 베이컨과 마늘, 체더치즈, 쪽파를 넣고 골고루 섞습니다.

반죽을 한 입 크기로 떼어 동그랗게 빚어줍니다. 아이스크림용 스쿱을 이용하면 편리합니다.

동그랗게 빚은 반죽에 달걀과 빵가루를 순서대로 입힙니다.

180℃로 달군 식용유에 튀김옷을 입힌 반죽을 넣고 노릇하게 튀기면 완성입니다.

베이컨 치즈 감자볼

3~4인분 60분

베이컨 치즈 감자볼은 으깬 삶은 감자에 모차렐라 치즈를 넣고 베이컨으로 감싸 구운 요리입니다. 고소하면서도 부드러운 맛으로 간단한 술안주로 좋을 뿐만 아니라 출출할 때 한두 개만 먹어도 든든한 간식이 됩니다.

+ Ingredients

베이컨 치즈 감자볼

감자 450g(3개)
생크림 2T
설탕 1t
소금 약간
후춧가루 약간
모차렐라 치즈 1컵
베이컨 6장
식용유 약간

+ Cook's tip

- 으깬 감자가 너무 질면 뭉치기 힘듭니다. 물이 많은 감자로 만들 경우에는 생크림의 양을 조절해서 반죽의 농도를 맞추도록 합니다.

+ Directions

베이컨 치즈 감자볼 만들 재료를 분량에 맞춰 준비합니다.

감자는 가이드(p.20)를 참고해 삶은 다음 껍질을 벗기고 볼에 넣어 곱게 으깹니다. 곱게 으깰수록 식감이 좋습니다.

곱게 으깬 감자에 생크림과 설탕, 소금, 후춧가루를 넣고 잘 뭉쳐지도록 치대면서 섞습니다.

으깬 감자를 6등분으로 나눈 다음, 반죽 하나의 가운데를 움푹 파서 모차렐라 치즈를 넣고 잘 감싸 동그랗게 만듭니다.

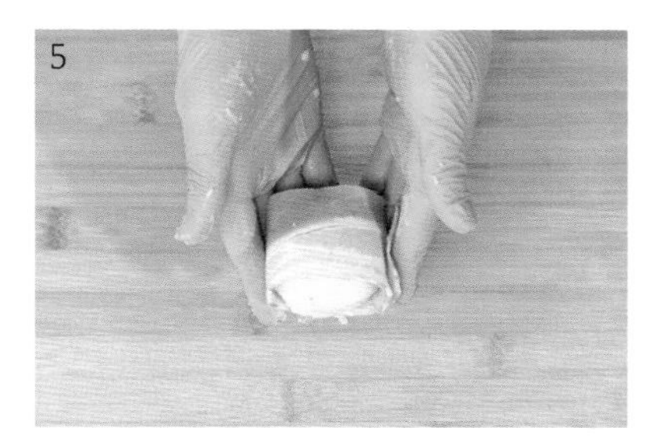

모차렐라 치즈를 넣은 감자의 겉면을 베이컨으로 둘러 감쌉니다.

중간 불로 달군 팬에 식용유를 살짝 두르고 베이컨을 두른 감자를 굴려가며 노릇하게 익히면 완성입니다.

치즈 감자고로케

4인분 90분

밀가루 대신 감자를 이용해 만든 고로케입니다. 속에 모차렐라 치즈를 가득 넣어 한입 깨물면 치즈가 쭈욱 늘어나는 재미를 느낄 수 있습니다. 고로케 안에는 취향에 따라 치즈만 넣어도 좋고 여러 채소를 잘게 다져 넣어도 좋습니다.

+ Ingredients

치즈 감자고로케
감자 500g
모차렐라 치즈 100g
우유 1/2컵
꿀 1T
소금 1/4t
식용유 적당량

튀김옷
튀김가루 1/2컵
달걀 2개
빵가루 1컵

+ Cook's tip

- 전분이 적은 감자를 사용하면 반죽하기가 조금 어렵습니다. 이럴 때는 반죽에 감자전분을 2~3T 정도 넣어 주면 찰기를 더할 수 있습니다.
- 모차렐라 치즈 대신 햄이나 소시지, 채소 등을 넣으면 특별함을 더할 수 있습니다.
- 고로케를 튀길 때는 반죽이 충분히 잠길 정도로 식용유를 준비합니다. 또한 기름의 온도를 잴 때 따로 온도계가 없다면 기름에 빵가루를 조금 넣어 빵가루가 들어가자마자 바로 떠오를 때 튀기는 것이 좋습니다.

+ Directions

치즈 감자고로케 만들 재료를 분량에 맞춰 준비합니다.

감자는 가이드(p.20)를 참고해 삶은 다음 껍질을 벗기고 볼에 넣어 곱게 으깹니다.

으깬 감자에 꿀과 소금을 넣고 섞습니다.

우유를 조금씩 넣으며 반죽합니다. 감자마다 수분 함유량이 다르니 반죽에 찰기가 생길 정도로 우유를 넣습니다.

완성된 감자반죽을 한 주먹 크기로 떼어 송편을 만들듯이 가운데를 움푹 파 모차렐라 치즈를 한 숟가락 정도 넣습니다.

모차렐라 치즈가 밖으로 나오지 않게 잘 여민 다음 둥글넓적하게 빚어 고로케 모양으로 만듭니다.

7

도마 위에 튀김가루를 약간 뿌린 다음 고로케 반죽을 올리고 고운 체를 이용해 반죽 위에 얇게 튀김가루를 묻힙니다.

8

반죽에 달걀과 빵가루를 순서대로 묻혀 튀김옷을 입힙니다.

9

180℃로 달군 식용유에 튀김옷을 입힌 고로케 반죽을 넣고 노릇하게 튀기면 완성입니다.

케이준 감자튀김

3~4인분 40분

패밀리 레스토랑에서 먹었던 케이준프라이를 집에서도 간단하게 만들 수 있습니다. 마늘과 양파, 후춧가루, 카이엔페퍼, 훈제파프리카 등의 가루를 섞어 만든 매콤한 맛의 케이준시즈닝을 감자튀김에 뿌리기만 하면 완성인데요. 감자튀김뿐만 아니라 닭튀김에 뿌려 먹어도 아주 맛있습니다.

+ Ingredients

케이준 감자튀김
러셋 감자 450g(3개)
케이준시즈닝 1T
오일스프레이

+ Cook's tip

- 감자튀김에는 러셋 감자가 가장 좋지만 만약 국내산 재료를 쓸 경우에는 두백이나 하령과 같은 분질감자로 준비합니다.
- 케이준시즈닝은 가이드(p.27)를 참고해 미리 만들어 놓아도 좋고 시판 제품을 사용해도 좋습니다.
- 집집마다 에어프라이어의 성능이 다르니 중간에 상태를 확인하고 굽는 시간을 가감합니다.
- 기름으로 튀길 때는 180℃로 달군 식용유에 삶은 감자를 넣어 노릇하게 튀긴 후 비닐봉지에 담고 케이준시즈닝을 넣어 흔들면 쉽게 만들 수 있습니다.

+ Directions

케이준 감자튀김 만들 재료를 분량에 맞춰 준비합니다.

감자를 깨끗이 씻어 웨지 모양이나 일반 사각으로 썰어줍니다.

썬 감자는 찬물에 5분간 담가 전분기를 없앱니다.

전분기를 없앤 감자는 끓는 물에 5분간 삶은 다음 건져 물기를 제거합니다.

물기를 제거한 감자에 오일스프레이를 얇게 뿌립니다.

감자를 에어프라이어 바스켓에 담고 180℃, 20분으로 세팅한 에어프라이어에 넣고 굽습니다.

구운 감자를 꺼내 볼에 담고 케이준시즈닝을 뿌린 다음 시즈닝이 감자에 골고루 묻도록 볼을 흔들며 섞습니다.

케이준시즈닝이 묻은 감자를 다시 바스켓에 담고 180℃, 5분으로 세팅한 에어프라이어에 한 번 더 구우면 완성입니다.

감자타코

5인분 70분

타코는 토르티야 위에 다양한 재료와 소스를 올린 다음 반으로 접어 먹는 멕시코음식입니다. 으깬 감자와 토마토 살사소스를 넣은 감자타코는 우리 입맛에도 잘 맞을 뿐만 아니라 감자가 들어있어 든든한 한 끼 식사로도 아주 좋습니다.

+ Ingredients

감자타코

러셋 감자 450g(2개)
소금 약간
후춧가루 약간
호밀 토르티야(12.5cm) 10장
식용유 3T
채 썬 양배추 1컵
파마산 치즈가루 3T

토마토 살사소스

토마토 2개
청양고추 1개
다진 파슬리 1/4컵
양파 1/2개
레몬즙 2T
꿀 1T
엑스트라 버진 올리브오일 1T
소금 약간
후춧가루 약간

+ Cook's tip

- 에어프라이어 대신 오븐을 이용해 구울 경우에도 굽는 온도와 시간은 동일합니다.
- 러셋 감자를 사용해야 제대로 된 맛을 느낄 수 있지만 구하기 어렵다면 분질감자인 두백이나 하령 등을 사용합니다. 수미로 만들어도 되지만 맛은 조금 떨어질 수 있습니다.
- 호밀 토르티야는 가이드(p.24)를 참고해 만듭니다. 밀가루의 글루텐이 부담스럽지 않다면 시판 밀가루 토르티야로 만들어도 좋습니다.

+ Directions

토마토 살사소스 만들 재료를 분량에 맞춰 준비합니다.

양파와 토마토는 굵게 다지고 청양고추는 곱게 다져 준비합니다.

볼에 다진 토마토와 양파, 청양고추를 넣고 나머지 토마토 살사소스 재료를 모두 넣어 골고루 섞어둡니다.

감자타코 만들 재료를 분량에 맞춰 준비합니다.

감자는 가이드(p.20)를 참고해 삶은 다음 껍질을 벗겨 볼에 넣고 소금과 후춧가루를 넣어 곱게 으깹니다.

호밀 토르티야를 도마 위에 한 장씩 올리고 앞뒤로 식용유를 바릅니다.

토르티야를 손바닥에 올려 반으로 접고 그 사이에 으깬 감자를 반 정도 채워줍니다.

에어프라이어 바스켓에 감자를 넣은 토르티야를 세워서 차곡차곡 넣습니다. 이렇게 하면 일정한 간격으로 많은 양을 구울 수 있습니다.

에어프라이어를 180℃, 10분으로 세팅해 굽습니다. 미리 발라둔 식용유 때문에 토르티야가 과자처럼 바삭하게 구워집니다.

구운 토르티야의 감자 위에 채 썬 양배추와 미리 만들어둔 토마토 살사소스를 얹습니다.

마지막으로 파마산 치즈가루를 골고루 뿌리면 완성입니다.

더치스 포테이토

6~8인분 80분

더치스 포테이토는 으깬 감자에 버터와 생크림, 달걀노른자를 넣어 반죽한 다음 짤주머니로 짜서 구운 감자쿠키입니다. 공작부인(Duchess)이 즐겨 먹던 디저트라 더치스 포테이토라는 이름이 붙었다고 하는데요. 식후에 차와 함께 대접하면 손님들이 감탄할만한 디저트입니다.

+ Ingredients

더치스 포테이토

감자 450g
무염버터 2T
생크림 2T
넛맥가루 1/8t
후춧가루 1/4t
달걀노른자 2개
녹인 버터 1T

+ Cook's tip

- 별 모양의 상투과자 깍지를 사용하면 예쁜 모양으로 짤 수 있습니다.

1

더치스 포테이토 만들 재료를 분량에 맞춰 준비합니다. 감자는 전분 함유량이 많은 분질감자를 사용하는 것이 좋습니다.

2

감자는 가이드(p.20)를 참고해 삶은 다음 껍질을 벗겨 볼에 넣고 감자가 뜨거울 때 무염버터를 함께 넣어 섞으면서 곱게 으깹니다.

3

으깬 감자에 생크림과 넛맥가루, 후춧가루, 달걀노른자를 넣고 반죽이 짤주머니에서 잘 빠져나올 정도로 부드럽게 섞습니다.

4

부드럽게 섞은 감자를 굵은 깍지를 낀 짤주머니에 넣습니다.

5

오븐팬에 유산지를 깔고 짤주머니를 이용해 감자를 회오리 원추 모양으로 짭니다.

6

짠 반죽 위에 녹인 버터를 바르고 200℃로 예열한 오븐에 넣어 20분간 구우면 완성입니다.

알감자 버터구이

2~3인분 50분

휴게소에 들르면 반드시 먹어야 하는 간식, 알감자 버터구이입니다. 버터의 고소한 냄새와 알감자의 부드러운 맛 때문에 전 국민이 좋아하는 대표 간식으로 특별한 재료 없이 아주 간단하게 만들 수 있지만 맛은 아주 끝내줍니다.

+ Ingredients

알감자 버터구이

알감자 500g
물 1L
밑간용 소금 1T
버터 2T
소금 약간
베이컨 1줄
치즈가루 약간
다진 파슬리 약간

+ Cook's tip

- 알감자는 나오는 시기가 정해져 있어서 시기를 놓치면 구하기가 어렵습니다. 만약 알감자를 구할 수 없다면 큰 감자를 한 입 크기로 썰어서 만들어도 좋습니다.

+ Directions

1

알감자 버터구이 만들 재료를 분량에 맞춰 준비합니다. 알감자는 껍질을 제거해 둡니다.

2

냄비에 물과 밑간용 소금을 넣고 알감자를 삶습니다. 물이 끓어오르면 불을 줄이고 물이 거의 없어질 때까지 삶은 다음 체에 올려 수분을 날립니다.

3

중약 불로 달군 팬에 버터를 넣어 녹인 다음 삶은 알감자를 살살 볶으며 굽습니다. 불이 세면 버터가 타기 때문에 중약 불에서 천천히 굽는 것이 중요합니다.

4

알감자가 노릇하게 구워지면 소금으로 간을 맞추고 그릇에 담습니다.

5

베이컨을 잘게 다진 다음 팬에 넣고 바삭하게 굽습니다.

6

알감자에 구운 베이컨 조각과 치즈가루, 다진 파슬리를 뿌리면 완성입니다.

한국식 피시앤칩스

2~3인분 20분

흰 살 생선튀김에 감자튀김을 곁들여 먹는 영국의 대표 요리, 피시앤칩스(fish and chips)에서 착안한 한국식 피시앤칩스입니다. 흰 살 생선과 감자튀김을 한 번에 먹을 수 있도록 감자채로 튀김옷을 입혀 바삭하게 구워 만들었기 때문에 아이들 간식은 물론 맥주 안주로도 손색이 없습니다.

+ Ingredients

한국식 피시앤칩스

동태살 200g
소금 약간
후춧가루 약간
감자 2개
중력분 1/2컵
달걀 2개
식용유 적당량

+ Cook's tip

- 불이 세면 감자만 타고 동태살이 익지 않기 때문에 약한 불에서 천천히 굽도록 합니다.
- 식용유를 충분히 두르고 튀기듯이 구워야 바삭하고 고소한 한국식 피시앤칩스를 만들 수 있습니다.

+ Directions

한국식 피시앤칩스 만들 재료를 분량에 맞춰 준비합니다.

동태살에 소금과 후춧가루를 뿌려 밑간해 놓습니다.

감자는 껍질을 벗긴 다음 가늘게 채 썰어 준비합니다.

채 썬 감자를 찬물에 담가 전분기를 제거합니다.

전분기를 제거한 감자는 체로 건져 물기를 뺀 다음 키친타월로 눌러 남은 물기를 완전히 제거합니다.

밑간한 동태살에 중력분과 달걀을 순서대로 묻힙니다. 이때 달걀을 흠뻑 묻혀야 감자가 잘 달라붙습니다.

달걀을 묻힌 동태살을 물기를 제거한 감자채 위에 올리고 꾹꾹 눌러 감자채를 붙입니다.

동태살의 앞뒤로 감자채를 붙입니다. 감자채가 잘 붙지 않는다면 달걀을 조금씩 떠서 얹으며 붙입니다.

중약 불로 달군 팬에 식용유를 두르고 감자채를 붙인 동태살을 올려 굽습니다. 이때도 달걀을 조금씩 얹어서 구우면 감자채가 떨어지지 않습니다.

감자가 타지 않도록 주의하면서 앞뒤로 노릇하게 익히면 완성입니다.

감자모찌

6인분 70분

감자모찌는 '이모모찌(いももち)'라고 하는 일본식 감자떡입니다. 일본 홋카이도의 명물 간식으로 으깬 감자에 전분과 찹쌀을 넣어 쫀득함을 더하고, 달콤하면서도 짭조름한 간장 양념에 조려 만드는 간식입니다.

+ Ingredients

감자모찌
감자 600g(3~4개)
감자전분 4T
찹쌀가루 4T
식용유 1T
무염버터 1T

양념
간장 1T
꿀 1T
청주 1T
물 1T

+ Cook's tip

- 감자모찌를 빚을 때 안에 팥고물이나 치즈를 넣고 빚으면 조금 더 특별한 맛을 느낄 수 있습니다.
- 완성된 감자모찌를 김에 싸서 먹으면 손에 기름도 묻지 않고 맛있게 먹을 수 있습니다.

+ Directions

감자모찌 만들 재료를 분량에 맞춰 준비합니다. 모찌용 감자는 전분 함유량이 많은 분질감자를 사용하는 것이 좋습니다.

감자는 가이드(p.20)를 참고해 삶은 다음 껍질을 벗기고 볼에 넣어 곱게 으깹니다.

으깬 감자에 감자전분과 찹쌀가루를 넣고 찰기가 생길 때까지 반죽합니다.

감자반죽을 한 줌씩 떼어 둥글넓적하게 빚습니다.

총 13개의 둥글넓적한 반죽을 만듭니다. 반죽의 크기에 따라 개수는 차이가 날 수 있습니다.

중약 불로 달군 팬에 식용유를 두르고 무염버터를 녹입니다.

감자반죽을 팬에 올려 앞뒤로 노릇하게 익힌 다음 따로 꺼내 놓습니다.

작은 볼에 분량의 양념 재료를 모두 넣고 섞습니다.

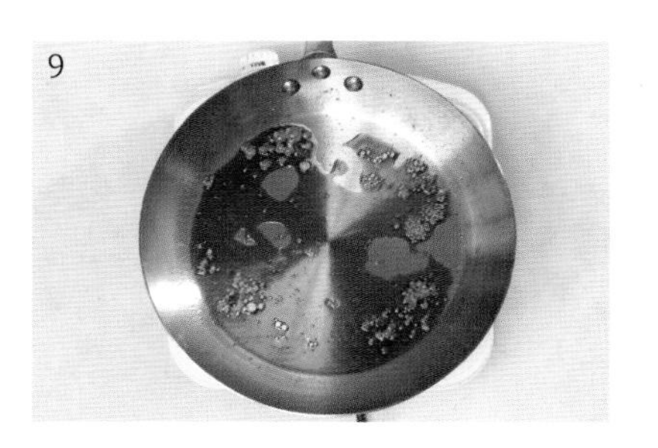

반죽을 구운 팬에 섞은 양념 재료를 넣고 바글바글 끓입니다.

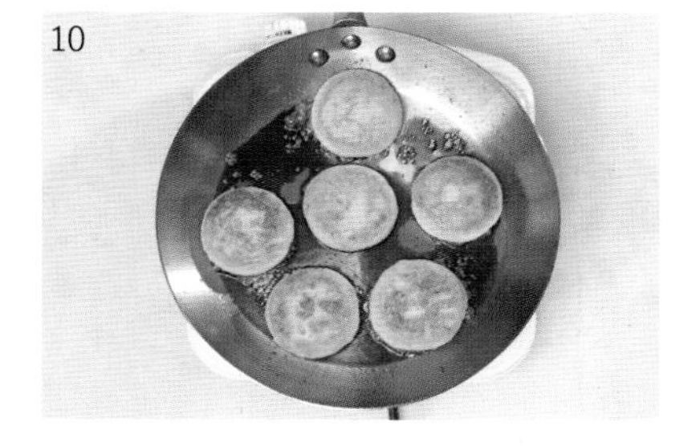

양념이 끓으면 구운 감자반죽을 넣고 타지 않게 뒤집어가면서 조리면 완성입니다.

크림 감자 뇨끼

2인분 60분

우리나라의 수제비와 비슷한 뇨끼는 이탈리아의 대표 요리로 아주 대중적인 음식입니다. 국내 이탈리아 식당에서도 자주 볼 수 있는 감자뇨끼는 감자 파스타의 일종으로 토마토소스, 크림소스, 페스토소스 등으로 만듭니다. 그중 부드러운 크림소스로 만든 감자뇨끼는 브런치로도 좋고 아이들 간식으로도 참 좋습니다.

+ Ingredients

크림 감자뇨끼

감자 250g
중력분 40g
달걀노른자 1개
소금 1/8t
올리브오일 약간
다진 파슬리 약간

크림소스

버터 1T
베이컨 3장
마늘 3쪽
양파 中 1/2개
우유 1컵
생크림 1/2컵
소금 약간
후춧가루 약간

+ Cook's tip

- 달걀의 크기에 따라 뇨끼 반죽이 질어질 수 있습니다. 반죽이 너무 질다면 중력분을 조금씩 추가하면서 반죽합니다.
- 감자뇨끼가 완성될 때쯤 크림소스가 너무 걸쭉하다면 우유를 조금 더 넣어 농도를 맞춥니다.

+ Directions

감자뇨끼 만들 재료를 분량에 맞춰 준비합니다.

감자는 가이드(p.20)를 참고해 삶은 다음 껍질을 벗기고 체에 곱게 내립니다. 감자를 체에 내리면 부드러운 뇨끼 반죽을 만들 수 있습니다.

체에 내려 으깬 감자에 중력분과 달걀노른자, 소금을 넣고 반죽에 끈기가 생길 때까지 오래 섞습니다.

분량 외의 중력분을 도마에 뿌리고 끈기가 생긴 반죽을 잘 치대 가래떡 모양으로 길게 민 다음 한 입 크기로 자릅니다.

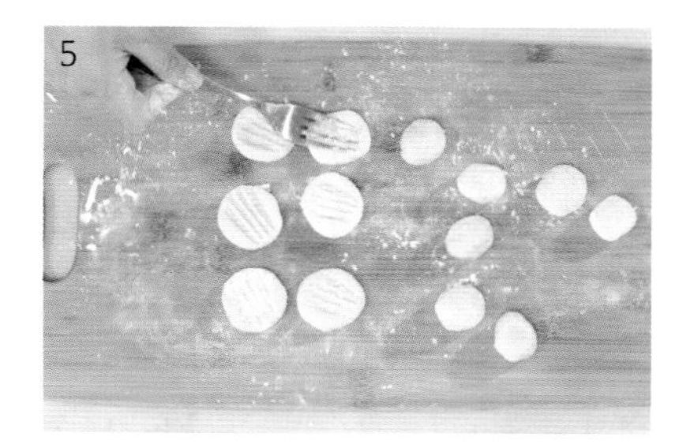

자른 반죽을 손바닥으로 굴려 동그랗게 만든 다음 포크로 눌러 뇨끼 모양을 냅니다.

끓는 물에 뇨끼 반죽을 넣어 끓이다가 반죽이 떠오르면 체로 건져 물기를 제거한 뒤, 올리브오일을 발라 서로 붙지 않게 준비해둡니다.

크림소스 만들 재료를 분량에 맞춰 준비합니다.

마늘은 얇게 저미고 양파는 다집니다. 베이컨은 사방 1cm 정도의 크기로 썰어 준비합니다.

중간 불로 달군 팬에 버터를 두르고 베이컨과 마늘, 양파를 넣어 노릇하게 볶습니다.

우유를 붓고 끓이다가 우유가 팔팔 끓어오르면 생크림을 넣어 끓입니다.

생크림이 끓어오르면 준비해둔 뇨끼 반죽을 넣고 바닥에 눌어붙지 않도록 골고루 저어줍니다.

크림소스가 걸쭉해지면 소금과 후춧가루로 간을 맞춘 다음 다진 파슬리를 뿌리면 완성입니다.

자 팬케이크 샌드위치

2인분 20분

만들기도 간단하고 영양도 듬뿍 들어간 감자 팬케이크 샌드위치입니다. 바쁜 아침에 식사대용으로, 방과 후에 배고픈 아이들의 간식으로도 아주 좋은데요. 따뜻한 우유나 향긋한 커피 한 잔을 곁들이면 금상첨화입니다.

+ Ingredients

감자 팬케이크

감자 150g(1~2개)
양파 1/2개
베이컨 3장
달걀 2개
소금 1/8t
후춧가루 약간
다진 파슬리 약간
식용유 적당량

샌드위치

식빵 4장
슬라이스 체더치즈 2장

+ Cook's tip

- 감자 팬케이크는 달걀 반죽이기 때문에 불이 너무 세면 감자가 익기도 전에 달걀이 먼저 타버립니다. 팬케이크를 구울 때 달걀이 타지 않도록 불 조절에 유의합니다.
- 감자 팬케이크를 샌드위치로 만들지 않고 접시에 담아 샐러드와 곁들이면 브런치로도 활용할 수 있습니다.

감자 팬케이크 샌드위치 만들 재료를 분량에 맞춰 준비합니다. 식용유는 팬케이크 두 장 부칠 양으로 적당히 준비하면 됩니다.

감자와 양파, 베이컨은 가늘게 채 썹니다. 프라이팬에 구워서 익혀야 하기 때문에 가늘게 써는 것이 좋습니다.

작은 볼에 달걀을 풀고 소금과 후춧가루를 넣어 간을 합니다.

채 썬 감자와 양파, 베이컨을 볼에 담고 그 위에 달걀을 넣어 골고루 섞습니다.

중약 불로 달군 팬에 식용유를 두르고 감자 혼합물을 반 정도 덜어 부칩니다. 이때 식빵과 비슷한 크기로 부치는 것이 좋습니다.

달걀이 타지 않도록 주의하면서 앞뒤로 노릇하게 익힙니다.

식빵을 토스터나 팬에 노릇하게 구운 다음 슬라이스 체더치즈를 올리고, 따뜻한 감자 팬케이크를 얹습니다.

다진 파슬리를 살짝 뿌린 다음 식빵으로 덮고 먹기 좋게 썰어내면 완성입니다.

PART 4.

감자로 만드는

브런치

브로콜리 감자 수프

4인분 40분

따뜻하고 부드러운 브로콜리 감자수프는 브로콜리의 영양과 감자의 고소함이 어우러져 아침 식사대용으로 아주 좋은 메뉴입니다. 그냥 먹어도 맛있지만 식빵이나 플랫브래드를 찍어먹으면 더욱 풍부한 맛을 느낄 수 있습니다.

+ Ingredients

브로콜리 감자수프

감자 大 2개
양파 中 1개
당근 1/4개
버터 1T
소금 1/2t
물 2컵
우유 1컵
중력분 2T
브로콜리 1컵
슬라이스 체더치즈 2장
후춧가루 약간

+ Cook's tip

- 감자로 수프와 같은 요리를 만들 때는 전분 함유량이 적은 점질감자를 쓰는 것이 좋습니다.
- 브로콜리를 데칠 때 소금을 넣으면 간도 살짝 배고 초록빛이 더욱 살아나 요리의 맛을 한층 더 살려줍니다.
- 집에 핸드블렌더가 없다면 믹서에 덜어 조금씩 간 다음 다시 팬에 부어 요리하면 됩니다.

브로콜리 감자수프 만들 재료를 분량에 맞춰 준비합니다. 이때 감자는 비교적 큰 사이즈로 준비하는 것이 좋습니다.

감자는 껍질을 벗겨 깍둑 썰고 양파와 당근도 같은 모양으로 썰어줍니다.

브로콜리는 작은 송이로 분리하고 줄기도 같은 크기로 썰어줍니다.

끓는 물에 분량 외의 소금을 약간 넣은 다음 손질한 브로콜리를 넣어 1분간 살짝 데치고 물기를 제거합니다.

중간 불로 달군 팬에 버터를 두르고 깍둑 썬 감자와 양파, 당근을 넣고 볶습니다.

양파가 투명하게 익으면 소금과 물을 넣고 뚜껑을 덮어 감자와 당근이 푹 익을 때까지 끓입니다.

감자와 당근이 푹 익으면 불을 끄고 핸드블렌더로 곱게 갈아줍니다.

다시 불을 켜고 수프가 끓어오르면 우유와 중력분을 넣고 덩어리지지 않도록 골고루 섞어 걸쭉하게 만듭니다.

수프가 걸쭉해지면 데친 브로콜리를 넣고 섞습니다.

슬라이스 체더치즈를 넣고 녹입니다.

수프에 후춧가루를 뿌리면 완성입니다. 취향에 따라 소금을 조금 더 넣어도 좋습니다.

감자샐러드

6~8인분 50분

'감자사라다'를 기억하시나요? 감자에 오이와 삶은 달걀을 넣어 만들던 추억의 감자사라다를 요즘 사람들의 입맛을 고려하여 조금 더 세련된 맛으로 업그레이드 한 감자샐러드입니다.

+ Ingredients

감자샐러드

감자 600g(4개)
삶은 달걀 3개
베이컨 130g
샐러리 1/2대
무염버터 1T
양파 中 1/2개
오이 1개
양배추 1/8개
채소 절임용 소금 1.5T

드레싱

마요네즈 3T
디종 머스터드 2T
식초 1/2T
소금 약간
후춧가루 약간

+ Cook's tip

- 감자로 수분이 적은 샐러드를 만들 때는 전분 함유량이 많은 분질감자를 사용하는 것이 좋습니다. 분질감자의 포슬포슬한 맛이 샐러드의 맛을 더해줍니다.
- 샐러드용 채소로 파프리카나 브로콜리, 당근을 넣어도 좋고, 베이컨 대신 소시지를 넣어도 좋습니다.
- 식빵이나 모닝빵에 감자샐러드를 넣으면 든든한 아침 메뉴를 만들 수 있습니다.
- 감자가 뜨거울 때 양파를 넣으면 양파의 매운맛을 없앨 수 있습니다.

+ Directions

감자샐러드 만들 재료를 분량에 맞춰 준비합니다. 샐러드용 감자는 전분 함유량이 많은 분질감자를 쓰는 것이 좋으며 샐러리는 줄기 쪽으로 준비합니다.

오이는 송송 썬 다음 채소 절임용 소금 1/2T을 넣고 10분간 절입니다.

양배추는 사방 2cm 정도의 크기로 자르고 양파는 굵게 다진 다음 각각 채소 절임용 소금을 1/2T씩 넣고 10분간 절입니다.

베이컨은 먹기 좋은 크기로 잘라 팬에 바싹 굽습니다.

절인 오이를 흐르는 물에 살짝 헹군 다음 면 보자기에 싸서 물기를 꽉 짭니다. 양배추와 양파도 같은 방법으로 물기를 짜서 준비합니다.

샐러리는 채 썰어 준비하고, 절인 채소와 샐러드의 맛을 더해줄 드레싱 재료를 준비합니다.

감자는 가이드(p.20)를 참고해 삶은 다음 껍질을 벗기고 볼에 넣어 곱게 으깹니다. 감자가 뜨거울 때 무염버터와 양파를 넣고 골고루 섞습니다.

삶은 달걀을 적당히 잘라서 넣고 분량의 드레싱 재료를 모두 넣어 골고루 섞습니다.

채 썬 샐러리와 절인 오이와 양배추, 구운 베이컨을 넣고 골고루 버무리면 완성입니다. 취향에 따라 소금을 조금 넣어 간을 맞춰도 좋습니다.

문어 감자샐러드

4인분 50분

쫄깃한 문어와 포슬포슬한 감자에 시금치로 색을 낸 프렌치드레싱을 버무려 만든 샐러드입니다. 눈으로 느끼는 신선함에 맛까지 상큼하기 때문에 고기요리나 생선요리를 먹을 때 곁들이면 금상첨화입니다.

+ Ingredients

문어 감자샐러드

감자 300g(2개)
삶은 문어 100g
다진 양파 1/4개

드레싱

데친 시금치 1/2컵
올리브오일 3T
유자청 1T
다진 마늘 1t

식초 또는 와인식초 1T
디종 머스터드 1T
소금 약간

+ Cook's tip

- 문어는 소포장으로 판매하는 자숙 문어를 구매하면 아주 편리합니다.
- 드레싱에서 시금치를 빼면 일반적인 프렌치드레싱을 만들 수 있습니다. 프렌치드레싱은 야채샐러드나 생선요리에 다양하게 활용할 수 있습니다.

1

문어 감자샐러드 만들 재료를 분량에 맞춰 준비합니다. 양파는 굵게 다지고, 시금치는 잎 부분으로 준비해 1분간 데쳐 물기를 꽉 짭니다.

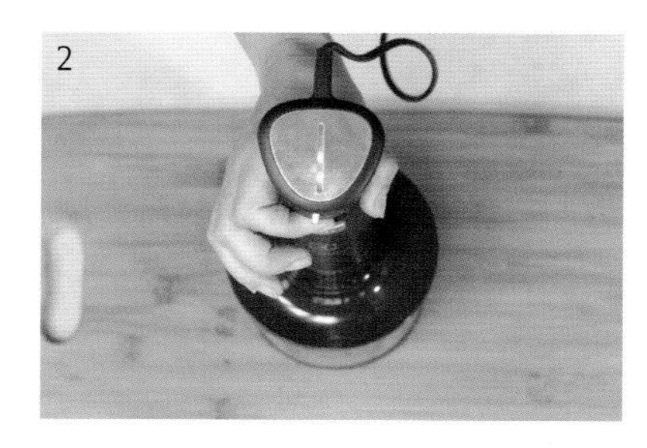
2

푸드 프로세서에 데친 시금치와 올리브 오일, 유자청, 다진 마늘을 넣고 곱게 갈아줍니다.

3

곱게 간 소스에 식초와 디종 머스터드, 소금을 넣고 섞어 드레싱을 만듭니다.

4

삶은 문어를 먹기 좋은 크기로 썰어줍니다.

5

감자는 가이드(p.20)를 참고해 삶은 다음 껍질을 벗기고 먹기 좋은 크기로 썰어줍니다.

6

볼에 문어와 감자, 다진 양파를 넣고 만들어 놓은 드레싱을 넣은 다음 감자가 뭉개지지 않도록 살살 버무리면 완성입니다.

연어 감자샐러드

3~4인분 40분

신선한 연어에 고소한 감자, 여기에 레몬즙으로 상큼함을 더한 마요네즈 요구르트 드레싱을 곁들이면 최상의 조합을 느낄 수 있는 샐러드가 탄생합니다. 감자가 주는 포만감 때문에 메인 요리로도 손색이 없습니다.

+ Ingredients

연어 감자샐러드
감자 300g(3개)
횟감용 연어 100g
딸기 3개
다진 양파 1/2컵

드레싱
마요네즈 3T
플레인 요구르트 3T
올리브유 1T
꿀 1T
겨자씨 1T
레몬즙 1T
소금 약간
후춧가루 약간

말린 타임 약간

+ Cook's tip

- 신선한 연어를 사용해야 비린내가 나지 않습니다. 만약 비린내가 약간 난다면 청주를 미리 뿌려두는 것도 좋은 방법입니다.
- 삶은 감자는 반드시 식혀서 사용합니다. 뜨거운 감자로 만들면 연어의 맛을 반감시킬 수 있습니다.

+ Directions

연어 감자샐러드 만들 재료를 분량에 맞춰 준비합니다. 횟감용 연어 대신 훈제 연어를 준비해도 좋습니다.

연어와 딸기를 사방 1cm 정도의 크기로 자릅니다.

감자는 가이드(p.20)를 참고해 삶은 다음 껍질을 벗겨 충분히 식히고 먹기 좋은 크기로 썰어줍니다.

작은 볼에 말린 타임을 제외한 분량의 드레싱 재료를 모두 넣고 잘 섞습니다.

볼에 삶은 감자, 연어, 딸기, 다진 양파를 넣고 드레싱을 붓습니다.

재료들이 부서지지 않도록 살살 섞어 접시에 담은 다음 말린 타임을 올리면 완성입니다.

사워크림 감자샐러드

4인분 50분

마요네즈가 잔뜩 들어간 샐러드가 부담스럽다면 사워크림과 플레인 요구르트로 샐러드를 만들어보세요. 사워크림은 달지 않으면서도 레몬의 상큼함이 살아있어 건강한 맛을 선사하고 다이어트에도 도움을 줄 수 있습니다.

+ Ingredients

사워크림 감자샐러드
감자 300g(3개)
삶은 달걀 2개
부추 10뿌리
베이컨 2줄
식빵 1조각

드레싱
플레인 요구르트 3T
사워크림 3T
소금 1/4t
후춧가루 1/8t

+ Cook's tip

- 사워크림은 시판 제품을 사용해도 좋지만 가이드(p.26)를 참고해 직접 만들면 유산균이 살아있어 더욱 신선하고 맛있게 즐길 수 있습니다.

+ Directions

사워크림 감자샐러드 만들 재료를 분량에 맞춰 준비합니다.

베이컨은 사방 2cm 정도의 크기로 자르고 부추는 3cm 길이로 썰어줍니다.

달군 팬에 자른 베이컨을 넣고 노릇하게 구운 다음 따로 덜어 놓습니다.

베이컨을 굽고 나온 기름에 사방 2cm 정도로 자른 식빵을 넣어 노릇하고 바삭하게 굽습니다.

감자는 가이드(p.20)를 참고해 삶은 다음 껍질을 벗기고 볼에 넣어 숟가락을 이용해 먹기 좋은 크기로 자릅니다.

감자 위에 4등분으로 자른 삶은 달걀과 부추, 구운 베이컨과 식빵을 넣습니다.

작은 볼에 분량의 드레싱 재료를 모두 넣고 잘 섞어 드레싱을 만듭니다.

드레싱을 샐러드 혼합물에 붓고 감자가 으깨지지 않도록 살살 섞으면 완성입니다.

감자 오븐구이

2인분 70분

잘 익은 감자의 속을 파내 모차렐라 치즈, 생크림, 사워크림, 베이컨 등을 섞은 후 감자에 다시 채워 구운 요리로 스테이크와 함께 먹으면 더욱 맛있는 감자 오븐구이입니다. 그동안 먹어왔던 감자구이와는 차원이 다른 색다른 맛을 느낄 수 있습니다.

+ Ingredients

감자 오븐구이

러셋 감자 大 2개
식용유 약간
소금 약간
후춧가루 약간

부재료

사워크림 2T
생크림 2T
모차렐라 치즈 1/2컵
무염버터 2T
쪽파 2뿌리
구운 베이컨 2줄
파슬리가루 약간

+ Cook's tip

- 오븐구이를 할 때는 수분이 적고 전분이 많은 러셋 감자를 사용하는 것이 좋습니다. 만약 러셋 감자를 구하기 어렵다면 두백이나 하령과 같은 분질감자를 사용하고 계절적 영향으로 이마저도 구하기 힘들다면 수미를 사용해도 됩니다.
- 에어프라이어가 없다면 일반 오븐을 사용해 동일한 온도와 시간으로 구우면 됩니다. 하지만 집집마다 제품의 성능이 다르니 중간 중간 상태를 확인하고 굽는 시간을 가감하는 것이 좋습니다.

+ Directions

감자 오븐구이 만들 재료를 분량에 맞춰 준비합니다. 러셋 감자는 큰 사이즈로 준비하고 베이컨은 잘게 다진 후 바싹 구워 준비합니다.

포크를 사용해 감자에 구멍을 두세 군데 냅니다. 이렇게 구멍을 내면 속까지 잘 익음은 물론 감자가 고온에서 터지는 걸 방지할 수 있습니다.

감자에 식용유를 바른 다음 소금과 후춧가루로 밑간을 합니다.

감자를 에어프라이어 바스켓에 담고 200℃, 30분으로 세팅해 굽습니다.

속까지 잘 구워진 감자는 윗부분을 살짝 잘라낸 다음 숟가락을 이용해 속을 파내고 볼에 담습니다.

감자 속에 부재료를 모두 넣고 섞습니다. 이때 쪽파는 송송 썰어서 넣고 나중에 고명으로 쓸 모차렐라 치즈와 무염버터, 쪽파, 구운 베이컨은 조금씩 남겨둡니다.

부재료를 넣고 골고루 섞은 감자 속을 감자 껍질에 다시 채워 넣습니다.

감자에 고명으로 남겨둔 모차렐라 치즈와 무염버터, 쪽파, 구운 베이컨을 올립니다.

고명을 올린 감자를 다시 에어프라이어 바스켓에 넣고 200℃, 5~10분으로 세팅해 굽습니다.

모차렐라 치즈가 녹으면서 노릇하게 구워지면 완성입니다.

매시트포테이토

4인분 50분

매시트포테이토(Mashed Potato)는 삶은 감자를 으깨 만든 서양의 감자요리입니다. 미국에서는 추수감사절에 칠면조 요리와 함께 꼭 빼놓지 않고 먹는 음식이기도 한데요. 우리에게도 낯설지 않은 매시트포테이토의 제대로 된 레시피를 소개해드리겠습니다.

+ Ingredients

매시트포테이토

러셋 감자 大 450g(2개)
우유 1/2컵
무염버터 2T
사워크림 1/2컵
소금 1/4t
후춧가루 1/4t
다진 파슬리 약간

+ Cook's tip

- 매시트포테이토는 러셋 감자와 같이 수분이 적고 전분이 많은 분질감자로 만들어야 부드러운 맛을 극대화시킬 수 있습니다. 만약 러셋 감자를 구하기 어렵다면 두백이나 하령과 같은 분질감자를 사용하고 계절적인 영향으로 이마저도 구하기 힘들다면 수미로도 만들 수 있습니다.
- 매시트포테이토를 식빵이나 모닝 빵에 스프레드로 활용하고, 구운 소시지와 달걀프라이를 추가하면 든든하게 아침 식사를 해결할 수 있습니다.

매시트포테이토 만들 재료를 분량에 맞춰 준비합니다.

작은 소스 팬에 우유를 붓고 무염버터를 넣어 약한 불에서 녹입니다. 우유가 뜨거워지고 버터가 다 녹을 정도로만 데우며 절대 팔팔 끓이지 않습니다.

감자는 가이드(p.20)를 참고해 삶은 다음 껍질을 벗기고 볼에 넣어 곱게 으깹니다.

으깬 감자에 버터를 녹인 우유를 붓고 부드럽게 섞습니다. 이때 감자를 최대한 부드럽게 만들어야 음식의 완성도가 높아집니다.

사워크림을 넣고 골고루 잘 섞습니다.

소금과 후춧가루를 넣고 섞은 다음 먹기 직전에 다진 파슬리를 뿌리면 완성입니다.

마늘버터 해슬백 포테이토

6~8인분 50분

마늘버터를 곁들인 해슬백 포테이토는 감자의 바삭함과 촉촉함을 동시에 경험할 수 있는 감자요리입니다. 해슬백 포테이토는 스웨덴 스톡홀름의 레스토랑 'Hasselbaken'에서 처음 선보여 그 이름을 따온 감자요리로 칼집을 넣되 완전히 자르지는 않도록 하는 것이 포인트입니다.

+ Ingredients

해슬백 포테이토

러셋 감자 450g(3개)
소금 약간
후춧가루 약간
파마산 치즈가루 2T
다진 파슬리 약간
오일스프레이 약간

마늘버터소스

버터 2T
올리브오일 1T
다진 마늘 1T

+ Cook's tip

- 오븐을 사용해 만들 경우, 에어프라이어와 동일한 온도와 시간으로 구우면 됩니다.
- 구이용 감자는 분질감자가 좋습니다. 만약 러셋 감자를 구하기가 어렵다면 두백이나 하령을 사용해 만들어도 좋습니다.
- 마늘버터소스에 들어가는 버터는 미리 실온에 꺼내두어 말랑한 상태로 준비합니다.
- 완성된 마늘버터 해슬백 포테이토에 상큼한 사워크림을 곁들이면 더욱 맛있게 즐길 수 있습니다. 사워크림은 가이드(p.26)를 참고해 만들어도 좋고 시판 제품을 사용해도 좋습니다.

+ Directions

1

마늘버터 해슬백 포테이토 만들 재료를 분량에 맞춰 준비합니다.

2

감자에 칼집을 냅니다. 이때 감자가 완전히 썰리지 않도록 감자의 양옆에 나무젓가락을 놓고 최대한 얇게 칼집을 냅니다.

3

작은 볼에 분량의 마늘버터소스 재료를 모두 넣고 골고루 섞습니다.

4

마늘버터소스를 칼집 낸 감자에 골고루 바릅니다.

5

마늘버터소스를 바른 감자를 에어프라이어 바스켓에 넣고 오일스프레이나 붓으로 기름을 얇게 바릅니다.

6

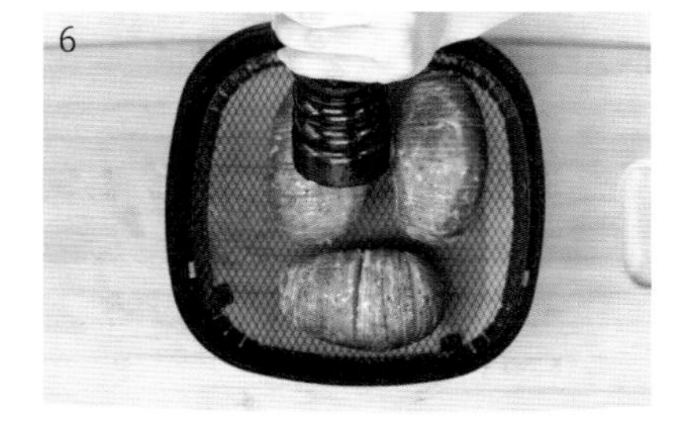

감자에 소금과 후춧가루로 밑간을 하고 에어프라이어에 넣어 190℃, 25분으로 세팅해 굽습니다.

구운 감자에 다시 마늘버터소스를 바르고 190℃, 10분으로 세팅해 한 번 더 굽습니다.

잘 구워진 감자를 접시에 담고 남은 마늘버터소스를 듬뿍 바릅니다.

파마산 치즈가루와 다진 파슬리를 뿌리면 완성입니다.

감자오믈렛

2인분 30분

'달걀 요리의 황제'라고 할 수 있는 오믈렛과 감자를 접목한 요리입니다. 이탈리아의 '프리타타'와 비슷한 감자오믈렛은 감자와 양파를 얇게 썰어 기름에 튀기듯 고소하게 익힌 후 달걀에 버무려 오븐 없이 프라이팬으로도 간단하게 만들 수 있는 음식입니다.

+ Ingredients

감자오믈렛
달걀 4개
달걀 밑간용 소금 1/4t
감자 300g
감자 밑간용 소금 1/8t
식용유 1/2컵
양파 大 1/4개
파슬리가루 약간

+ Cook's tip

- 감자오믈렛은 두툼하게 구워 먹는 음식이기 때문에 작은 팬을 사용하는 것이 좋습니다. 속까지 충분히 익히려면 뚜껑을 덮고 약한 불에서 천천히 익혀야 타지 않고 예쁘게 구울 수 있습니다.
- 중간에 오믈렛을 뒤집을 때는 팬에 접시를 뒤집어 덮은 후 팬과 같이 뒤집으면 감자오믈렛을 부서지지 않고 쉽게 뒤집을 수 있습니다.

+ Directions

감자오믈렛 만들 재료를 분량에 맞춰 준비합니다.

감자와 양파를 채칼을 사용해 얇게 썰어 줍니다.

얇게 썬 감자는 따로 볼에 담고 감자 밑간용 소금을 넣어 간을 맞춥니다.

중간 불로 달군 팬에 식용유를 붓고 얇게 썬 감자를 튀기듯 굽습니다.

감자가 노릇하게 튀겨지면 따로 꺼내고, 팬에 남은 식용유는 양파를 볶을 정도만 남긴 다음 나머지는 덜어냅니다.

감자를 구운 팬에 채 썬 양파를 넣어 노릇하게 구운 다음 따로 꺼내 식힙니다.

달걀은 젓가락을 사용해 곱게 풀어준 다음 달걀 밑간용 소금을 넣어 간을 맞춥니다.

풀어 놓은 달걀에 식힌 감자와 양파를 넣고 골고루 섞습니다.

약한 불로 달군 작은 팬에 식용유를 두르고 달걀과 섞은 감자와 양파를 붓습니다.

팬에 뚜껑을 덮어 속까지 익도록 5~7분간 충분히 익힙니다. 집집마다 불의 세기가 다르니 가장자리가 갈색으로 변할 때까지 익혀줍니다.

가장자리가 갈색으로 익으면 접시를 사용해 반대로 뒤집은 다음 3분간 익힙니다.

접시에 오믈렛의 노란 면이 보이도록 뒤집어 담고 파슬리가루를 뿌리면 완성입니다.

감자 테린

4인분 2시간 20분(굳히는 시간 제외)

감자 테린(Terrine)은 감자 파베(Pave)라고도 부르는데 얇게 썬 감자를 생크림과 버터, 마늘과 함께 구워서 단단하게 식힌 후 팬에 노릇하게 구워먹는 요리입니다. 감자의 고소한 맛을 한껏 느낄 수 있으며 메인 요리에 곁들이거나 브런치 메뉴로도 정말 좋습니다.

+ Ingredients

감자 테린

러셋 감자 大 850g(4개)
무염버터 1.5T
식용유 적당량

소스

생크림 3/4컵
소금 1/2t
후춧가루 1/4t
파슬리가루 1t
다진 마늘 1/2T
다진 쪽파 1대
무염버터 1.5T

+ Cook's tip

- 감자는 되도록 큰 사이즈로 준비하고, 오븐 틀에 맞춰 썰어야 틀에서 감자를 분리할 때나 네모 모양으로 자를 때 감자가 갈라지지 않습니다.
- 감자 테린은 여유 있게 만들어 냉동보관 해두었다가 필요할 때마다 조금씩 꺼내 팬에 구우면 금방 만든 것처럼 맛있게 먹을 수 있습니다.
- 소스에 들어가는 무염버터는 미리 실온에 꺼내두어 말랑한 상태로 준비합니다.

1

감자 테린 만들 재료를 분량에 맞춰 준비합니다.

2

볼에 분량의 소스 재료를 모두 넣고 골고루 섞어둡니다.

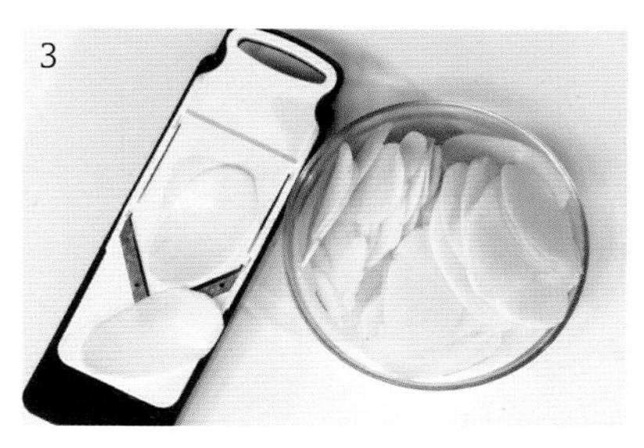

3

감자는 껍질을 벗긴 다음 채칼을 사용해 얇게 썰어줍니다. 이때 세로로 길쭉하게 썰고 되도록 얇게 써는 것이 좋습니다.

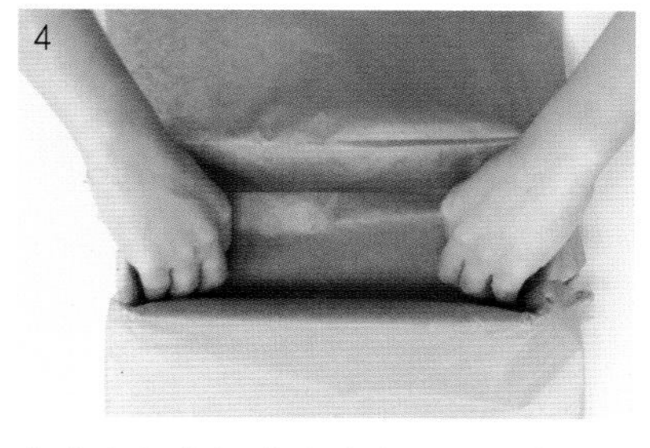

4

유산지를 여유 있게 잘라 오븐 틀(11.5×25×7cm)에 각을 잡아 깔아줍니다. 유산지를 사용하면 나중에 굳은 감자를 쉽게 꺼낼 수 있습니다.

5

얇게 썬 감자를 소스에 넣어 버무린 다음 오븐 틀에 한 개씩 넣습니다. 이때 감자를 1/3씩 겹치면서 넣습니다.

6

한 층을 다 넣었다면 그 위에 무염버터를 조금씩 떨어트립니다.

7

같은 과정을 반복해서 감자와 무염버터를 쌓고 마지막에는 남은 소스를 모두 부어줍니다.

8

유산지를 접어 감자를 덮고 유산지가 들뜨지 않도록 작은 접시를 올린 다음 180℃로 예열한 오븐에 넣어 1시간 30분간 굽습니다.

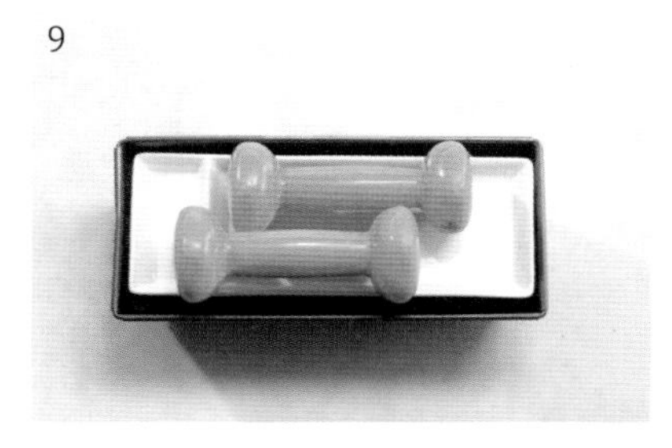

9

구운 감자는 오븐에서 꺼내 30분간 식히고 틀 위에 무거운 것을 올린 뒤 냉장고에 넣어 하룻밤 정도 굳힙니다.

10

하루가 지나 완전히 굳은 감자를 냉장고에서 꺼내 유산지를 잡고 들어올려 오븐 틀에서 분리합니다.

11

굳은 감자를 네모 모양으로 자릅니다.

12

팬에 식용유를 넉넉히 두르고 자른 감자를 올려 노릇하게 구우면 완성입니다.

치즈 감자 갈레트

2인분 30분

감자 갈레트는 감자를 채 썰어 팬케이크처럼 만들어 먹는 우리의 감자전과 같은 요리입니다. 만들기도 쉽고 고소한 맛에 짜지 않아 아이들이 먹기에도 좋고 간단한 맥주 안주로도 최고입니다.

+ Ingredients

치즈 감자 갈레트
감자 中 2개
양파 1/4개
소금 1/4t
후춧가루 약간
감자전분 2T
식용유 1T
슬라이스 체더치즈 1장

+ Cook's tip

- 식용유 대신에 무염버터를 사용해 구우면 더욱 고소합니다.
- 취향에 따라 구운 베이컨이나 햄을 토핑으로 올려도 좋습니다.

+ Directions

치즈 감자 갈레트 만들 재료를 분량에 맞춰 준비합니다.

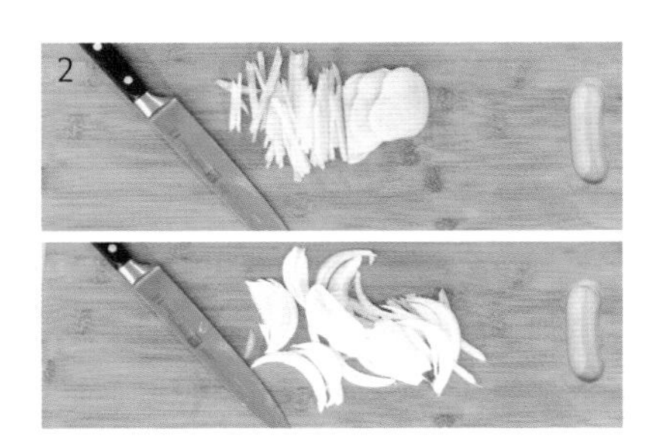

감자와 양파는 가늘게 채 썰어 준비합니다.

채 썬 감자와 양파를 볼에 넣고 소금과 후춧가루를 넣어 간을 맞춘 다음 감자전 분을 넣어 골고루 버무립니다.

중약 불로 달군 팬에 식용유를 두르고 감자반죽을 넣어 익힙니다.

바닥면이 노릇하게 익으면 반죽을 뒤집어 주걱으로 먹기 좋은 크기로 자르면서 익힙니다.

전체적으로 노릇하게 익으면 슬라이스 체더치즈를 잘게 잘라 뿌리고 뚜껑을 덮어 치즈를 녹이면 완성입니다.

치즈 감자그라탱

3~4인분 55분

부드럽고 고소한 맛으로 남녀노소 좋아하는 치즈 감자그라탱은 '듀피노아즈(Dauphinoise)'라는 예쁜 이름을 가진 프랑스요리입니다. 생크림을 넣어 부드러우면서 담백한 맛에 노릇하게 구운 고소한 모차렐라 치즈와 감자의 조합은 누구에게나 취향 저격 메뉴로 손색이 없습니다.

+ Ingredients

치즈 감자그라탱

감자 350g(3~4개)
버터 1/2T
모차렐라 치즈 1/2컵

생크림 소스

달걀 1개
생크림 3/4컵
액상고다치즈 2T
소금 1/2t
후춧가루 1/8t
넛맥가루 1/8t

+ Cook's tip

- 오븐 대신 에어프라이어로 만들어도 좋습니다. 에어프라이어 바스켓에 맞는 용기를 사용해 동일한 온도와 시간으로 구우면 됩니다.
- 그라탱 용기에 종이호일을 덮고 구우면 감자가 익기 전 치즈가 타는 것을 방지할 수 있습니다. 감자가 익은 후 호일을 벗기고 5분 정도 구우면 노릇하게 구운 치즈를 맛볼 수 있습니다.
- 버터는 미리 실온에 꺼내 말랑한 상태로 준비합니다.

+ Directions

치즈 감자그라탱 만들 재료를 분량에 맞춰 준비합니다.

감자는 깨끗이 씻은 다음 채칼을 사용해 얇게 썰어줍니다.

볼에 달걀을 풀고 생크림을 넣어 골고루 잘 섞습니다.

달걀과 생크림이 잘 섞이면 액상고다치즈, 소금, 후춧가루, 넛맥가루를 넣고 섞어 생크림 소스를 만듭니다.

그라탱 용기에 실온의 말랑한 버터를 바릅니다.

얇게 썬 감자를 한 장씩 놓습니다. 이때 감자를 조금씩 겹치면서 쌓아줍니다.

감자 위에 생크림 소스를 천천히 붓습니다. 소스가 그릇 위로 차오를 때까지 붓습니다.

소스 위에 모차렐라 치즈를 골고루 뿌립니다.

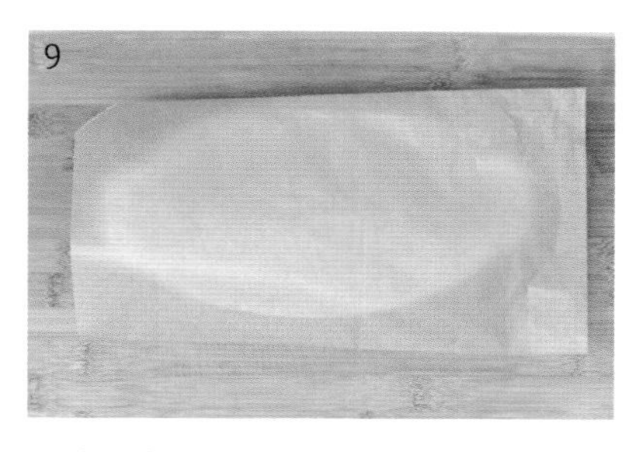

종이호일을 그라탱 용기 위에 덮은 다음 180℃로 예열한 오븐에 넣어 40분간 굽고, 호일을 벗겨 5분간 더 구우면 완성입니다.

since 1986
최초의 용융소금
-
1000℃의 고온에서 녹인
백석빛소금은
가스가 없습니다.
간수가 없습니다.
중금속이 없습니다.
미세플라스틱이 없습니다.
소금이 해로운 것이 아니라
소금이 끌어당긴 불순물이 해로운 것입니다.
Pure Salt
빛소금
Since 1986
빛이 소금 되다.
백석빛소금
since1986

주)선맥의 백석빛소금은 30여 년간 오직 소금만을 연구하며, 우리 몸에 중요한 소금을 가장 깨끗하게 만들어왔습니다. 백석빛소금은 소금을 한 차원 높여 건강한 100세 시대를 열어 가는데 앞장서겠습니다.

> “**백석빛소금**은 한국인의 독창적 지혜로 찾아낸 불순물을 제거한 깨끗한 소금입니다.”

진묵 김상곤 대표 약력

1990년 단국대학교 도예학과 졸업

2005년 토야테이블 웨어전 은상

2008년 영남 미술대전 장려상

2008년 전국 다도구 금상

2008년 충주 중앙박물관 다도구전

2008년 일본 동경 문화원 장작가마보존협회 회원전

2009년 티월드 페스티벌 공모전 동상 및 장려상

2009년 전국 다도구 공모전 대상 (문화체육부장관상)

2010년 대한민국 남북통일 예술대전 금상

2011년 중국 경덕진 이천도자기조합대표 참가 및 전시

2011년~2019년 대한민국 남북통일 예술대전 심사위원

2012년 김상곤 다완전 노암갤러리

2013년 명지대학교 산업대학원 석사학위

2013년 전국 공예품대전 동상 및 장려상

2014년 대한민국을 빛낸 21세기 한국인상 수상

2015년 대한민국 향토문화 예술대전 국회부의장상

2019년 대한민국 남북통일 세계환경예술대전 통일부장관상

전라북도 무주군 무주읍 최북로 15
무주전통테마파트 진묵도예

TEL : 063-322-6670
(방문전화예약가능)

POTATO

초 판 발 행 일	2019년 07월 10일
발 행 인	박영일
책 임 편 집	이해욱
저 자	임정애
편 집 진 행	강현아
표 지 디 자 인	이미애
편 집 디 자 인	신해니
발 행 처	시대인
공 급 처	(주)시대고시기획
출 판 등 록	제 10-1521호
주 소	서울시 마포구 큰우물로 75 [도화동 538 성지 B/D] 9F
전 화	1600-3600
팩 스	02-701-8823
홈 페 이 지	www.sidaegosi.com
I S B N	979-11-254-5947-7
정 가	14,000원